수학이 건네는 위로

지금 '괜찮아'라는 말이 필요한 당신에게

수학이 건네는 위로

배재윤 지음

두리반

학창 시절 괴로웠던 수학,
우리에게 위로를 건네다

학교에서 수학을 가르치다 있었던 일이다. 수업 도중 한 학생이 갑자기 고개를 떨궜다. 무슨 일인가 싶어 다가갔는데 학생의 마스크가 눈물에 젖어 있었다. 쉬는 시간에 조용히 새 마스크를 건넸다. 그러자 내게 고갤 꾸벅 숙이고 교실을 나갔다. 행여나 들킬까 봐 눈물 젖은 마스크를 새 마스크로 가린 채로.

학생이 자리에 돌아오자 스마트폰 메모장에 '혹시 무슨 일 있니?'라고 적힌 메모를 학생에게 건넸다. 그러자 학생이 이렇게 적었다. "그냥 문제가 어려워서 저도 모르게 눈물이." 마음이 아팠다. 잘하고 싶은데 잘 안 되었던 모양이다. 메모장에 "ㅠㅠ"라 쓰자 학생이 쑥스러운 듯 웃었다.

눈물을 흘린 학생의 모습이 남 일 같지만은 않다. 우리의 학창 시절도 다를 바 없지 않던가. 미적분이란 단어를 들으면 탄성을 내뱉고 숫자와 기호를 보면 머리가 지끈거린다. 이렇게 안티가 많은 수학이지만 참 아이러니하게도 대학에 가려면 버릴 수 없는 과목이 수학이기도 하다.

난 끊임없이 생각했다. 수학이 괴롭기보다 위로가 될 수는 없을까? 그러다 문득 '수학으로 서로의 삶을 나누면 어떨까'라는 궁금증이 생겼다. 여러 고민 끝에 온라인 플랫폼 브런치에 수학과 삶을 연결 짓는 글을 연재했다. 반응이 나쁘지 않았다. 130명뿐이던 브런치 구독자 수는 순식간에 1,000명을 넘겼고 누적 조회수는 30만을 훌쩍 넘겼다. 수학에 관심 없을 줄 알았던 사람들이 엄청난 관심을 보였다. 그때 깨달았다. 딱딱해 보이는 수학 개념으로도 삶을 아름답게 표현할 수 있으며 사람들의 공감을 충분히 얻을 수 있다는 것을.

이 책은 20대, 혹은 청소년들에게 위로가 될 만한 주제로 구성했다. 먼저 1장 〈지금 '괜찮아'라는 말이 필요한 당신에게〉는 말 그대로 20대가 세상에서 겪는 슬픔을 그대로 드러내며 20대의 아폼에 함께 공감하고 상처를 치유하는 과정이기를 바라는 마음을 담았다. 2장 〈타인의 불편한 시선으로부터 자유로워지기〉는 10대 때부터 치열히 경쟁하며 달려온 20대에게 타인과의 비교에서 벗어나 어떻게 하면 자신을 온전히 지키며 나아갈 수 있는지 치열한 고민의 흔적을 보여준다. 마지막 3장 〈더 나은 삶을 택하며 나아가는 방법〉은 1, 2장에서 얻은 위로와 고민의 과정을 통해 수학을 현재 내 삶에 어떻게 적용할 수 있는지를 고민하는 글이다.

이 책은 어떻게 하면 수학 성적을 올릴 수 있는지, 나에게 맞는 수학 공부 방법이 무엇인지 등에 관해서 알려주진 않지만, 수학과 삶의 연결이 당신에게 위로가 될 수 있음을 알려준다. 이를 통해 결코 수학이 실생활의 쓸모를 위해 존재하는 학문이나 단순히 입시를 위한 과목이 아님을 알 수 있다.

수학을 잘하지 않아도 충분히 즐길 수 있는 세상을 꿈꾼다. 노래를 잘 부르지 못해도 노래방에서 신나게 노래하는 우리 모습처럼.

　　　　　　　　　　　　　　　　　수학이 건네는 위로

차례

1장

지금 '괜찮아'라는 말이
필요한 당신에게

2장

타인의 불편한 시선으로부터
자유로워지기

Math

1장
지금 '괜찮아'라는 말이
필요한 당신에게

Math & Comfort

슬픔을 위로하는 슬픔

음수의 곱셈

서랍을 뒤척이다가 우연히 어렸을 때 썼던 글들을 모아둔 상자를 발견했다. 이리저리 구겨진 종이 한 장이 알록달록한 편지들 사이에 끼어 있었다. 구겨져 있는 것으로 보아 좋은 내용일 것 같지 않았다. 판도라의 상자 같았지만, 궁금증을 참지 못하고 종이를 펼쳤다. 중학교 1학년 때 국어 수행평가로 적었던 글이었다. 글의 제목은 '수학여행'. 난 글을 다 읽고 나서야 왜 이 종이가 상자에 구겨진 상태로 있었는지 깨달았다. 종이에 적힌 내용은 마치 한 편의 잔인한 영화를 보는 것처럼 고통스러웠다. 글 내용은 다음과 같다.

초등학교 6학년 때 수학여행은 정말 즐거웠는데, 이번 중1 수학여행은 즐겁지 않다. 담임선생님과 부모님이 안 계셨다면 난 이미 이 세상 사람이 아니었을 것이다. 5월 18일 ○○ 리조트에서 있었던 일이다. 점심시간이 끝난 뒤 친구들과 나는 난타를 하기 위해 강당으로 모였다. 강당엔 파란색 플라스틱 물통들이 줄지어 있었다. 친구들은 시험지를 뒤로 넘기는 것처럼 북채 두 개를 뒷사람에게 넘겼다. 그런데 내 앞에 앉아 있던 그 녀석(여기서 그 녀석은 날 지독하게 괴롭히던 녀석이다)은 나에게 북채를 주지 않고 다른 친구에게 넘겼다. 나를 없는 사람처럼 취급해 무척 기분이 나빴다. 그 녀석에게 채를 달라고 말하자 그 녀석은 날 보고 "맞짱 뜰까? 개××야?"라고 말했다. 난무서워 입을 다물었다.

난타 행사가 끝나고 그 녀석은 숙소에 들어와 나의 뺨을 후려갈겼다. 그때 TV를 보고 있었던 진수가 와서 둘이 무슨 일이 있었냐고 물었다. 그 녀석은 진수에게 내가 자기를 때리고 욕을 했다고 말했다. 그 말을 듣고 나는 참았던 눈물을 쏟았다. 나 혼자 참고 넘기려고 했지만, 도저히 그럴 수 없었다. 나는 담임선생님께 그 녀석에게 괴롭힘을 당했다고 말했다.

수학여행이 끝나고 담임선생님은 나와 그 녀석을 교무실에 불렀고, 하키 채로 그 녀석의 엉덩이를 두들겼다. 며칠이 지난 뒤 그 녀석은 자신의 엉덩이에 시퍼렇게 멍이 든 걸 좀 보라며 엉덩이를 반 아이들에게 보여줬다. 전장에서 살아남은 장수처럼 말하는 태도가 너무 역겨웠다.

수행평가로 적었던 글의 내용은 여기까지다. 수학여행 이후 한동안 별일 없이 지냈지만, 중학교 2학년이 되자 그 녀석과 어울리는 패거리들에게 심한 모욕을 당했다. 그 녀석은 날 반드시 죽여버리겠다는 듯이 심하게 소리쳤다. "맞짱 한번 뜨자, 이 씨× 새끼야. 벙어리냐? 벙어리냐고? 왜 말을 못 하냐? 병×이니?" 그 녀석은 내 가슴을 툭툭 때렸다. 다른 녀석들은 휴대폰으로 동영상을 찍어댔다. 그 녀석은 옥상으로 따라오라며 날 협박했다. 난 내일이 시험이니까 제발 한 번만 봐달라고 싹싹 빌었다. 그 녀석들은 그 모습을 동영상으로 남긴 채 낄낄거리며 교실을 나갔다.

집으로 돌아오는 길, 분명 낮인데 온 세상은 캄캄했다. 난 씩씩거리며 아파트 계단을 올라갔다. 죽어야겠다. 차라리 내가 사라지면 마음이 편해지지 않을까. 계단 끝이 보이면 난 뛰어내려야겠다. 옥상에 도달했다. 내 키 정도 되어 보이는 담장에 몸을 기댄 채 밑을 내려봤다. 사람들은 레고 블록처럼 작았고 자동차는 장난 감 차 같았다. 막상 뛰어내리려고 하니 오금이 저렸다. '떨어져서 땅에 머리가 터지면 아프지 않을까?' 난 죽을 용기조차 없다는 사실을 깨닫고 털썩 주저앉았다. 그날 밤 이불을 부여잡고 소리 없이 울었다.

음수 곱하기 음수는 왜 양수일까? 수직선으로 간단히 설명할 수 있다. 우선 양수 곱하기 양수를 생각하자. 3에 2를 곱하는 것은 3을 두 번 더하는 것이다. 이를 수직선 위에 나타내면 0에서 3만 큼 오른쪽으로 두 번 이동하는 것과 같다.

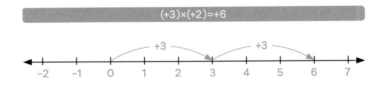

−3에 2를 곱하는 것은 −3을 두 번 이동하는 것과 같다. 0에서 3만큼 왼쪽으로 두 번 이동하면 된다.

3에 −2를 곱하는 것은 3만큼을 반대 방향으로 두 번 이동하는 것이다.

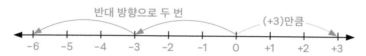

−3에 −2를 곱하는 것은 −3만큼을 반대 방향으로 두 번 이동하는 것과 같다. 즉 3을 두 번 더하는 것과 같다.

이 세상에 존재하는 모든 마이너스 숫자에 마이너스를 곱하면 반드시 플러스가 된다. 이 수학적 사실은 슬픔을 대하는 올바른 자세를 알려준다.

슬픔에 슬픔을 곱하면 위로가 된다. 슬픔을 위로하는 슬픔. 올부짖는 자들의 서늘한 옷자락에 뜨거운 눈물로 젖은 내 얼굴을 말없이 부비는 것이다. 그러니 나만큼, 나보다 더 슬퍼하는 사람이 있다면 눈물을 닦아주며 말하고 싶다. 실컷 울라고. 얼굴이 콧물 범벅이 되어도 괜찮으니 우선 엉엉 울어야 한다고. 나와 당신이 겪었던 아픔이 얼마나 찢어질 듯이 고통스럽고 지워버리고 싶었는지. 당신이 조금 진정되고 훌쩍거릴 때 이렇게 말하고 싶다. 마이너스끼리 곱하면 플러스가 되듯 우리도 괜찮아질 거라고.

1장 지금 '괜찮아'라는 말이 필요한 당신에게

힘은 크기보다 방향이 중요하다

벡터

중학교 시절 아이들의 따돌림과 괴롭힘은 학원에서도 이어졌다. 그러다 보니 혼자가 편했고 친구들과 어울리는 게 두려웠다. 여학생에게 말을 건네기는커녕 눈도 마주치지 못했다. 그때 내 별명은 개구리였다. 학원에서 날 괴롭히던 녀석은 '개구리 뒷다리'라고 소리치며 우산의 갈고리 모양 손잡이로 내 다리를 사정없이 잡아당겼다. 하루에 한 번씩 샤워하는 나에게 몸에서 개구리 비린내가 난다며 좀 씻고 다니라고 놀리곤 했다.

학원은 마치 갱도의 막다른 곳에 다다른 것처럼 나를 천천히 옥죄었다. 특히 자리를 바꾸는 시간은 지옥이었다. 아무도 내 곁에 앉기 싫어했기 때문에 내가 아이들을 먼저 피했다. 괜히 같이 앉으면 친구들에게 해를 끼치는 거 같았다. 나와 제일 친한 짝꿍은 내 가방이었다. 내 옆자리엔 가방이 있어야 마음이 편했다.

학원 쉬는 시간, 교실은 시끌벅적했지만 내겐 아무도 말을 걸어주는 이가 없었다. 그게 괴로워 쉬는 시간이면 난 항상 패딩을 덮고 엎드려 눈을 감았다. 그때 누군가가 내 패딩을 툭툭 건드렸다. '아 또 그 녀석들이구나' 무시하려는 찰나 익숙하지 않은 말이 내 귀를 스쳤다.

"저기…… 재윤아 시간 되면 내려가서 나랑 같이 빵 먹을래?"

그 친구는 나와 함께 수학 수업을 듣는 C였다. 너무 당황스러웠다. 왜 나를 피하지 않고 다가섰을까. 사람들의 시선이 두렵진 않았을까. 얼떨결에 "어 그래"라고 대답했다. 어색했지만 누군가 내밀어준 손길이 반가웠다. C와 함께 학원 아래 1층 문구점으로 내려갔다. 그곳은 별로 들를 일이 없어서 무척 낯설었다. 빵 종류도 어찌 그리 많던지. 뭘 고를지 몰라 이리저리 눈알만 돌렸다. 그런 나를 본 C는 싱긋 웃으며 빵 하나를 내게 집어 들었다. "이거

　　　　　　　　1장 지금 '괜찮아'라는 말이 필요한 당신에게

사줄게. 맛있으니까 한 번 먹어봐." 포켓몬 캐릭터가 그려진 초코
롤 빵이었다. 푹신한 초코롤 두 개가 플라스틱 용기 안에 들어 있
었다. 난 빵을 입에 넣고 우물거렸다. 군데군데 박힌 초콜릿을 오
도독 씹을 때마다 더할 나위 없이 행복했다.

힘의 크기는 스칼라scalar로 표현한다. 단, 스칼라는 힘의 크기
만 표현할 뿐 방향을 고려하지 않는다. 힘의 크기와 방향을 모두
표현한 것은 벡터vector다. 스칼라와 벡터의 의미는 달리는 자동차
를 통해 잘 알 수 있다.

30m/s

주어진 그림의 자동차는 30m/s 속력을 가지고 있다. 자동차
가 어디로 향할지 알 수 없다. 30m/s라는 속력은 힘의 크기만 나
타낸 스칼라이기 때문이다.

플러스 방향

30m/s   50m/s

4초후

엑셀러레이터

　도로 위를 달리고 있는 자동차를 생각해보자. 자동차는 오른쪽으로 30m/s만큼 달리고 있다. 자동차를 기점으로 오른쪽은 플러스 왼쪽은 마이너스로 두자. 자동차 엑셀은 1초에 5m/s만큼 속력을 높여준다. 엑셀을 4초 동안 밟으면 속력이 50m/s까지 올라간다. 엑셀은 달리는 자동차에 플러스 방향으로 작용하는 크기가 5인 벡터다.

마이너스 방향

30m/s   0m/s

6초후

브레이크

　오른쪽으로 30m/s만큼 달리는 자동차가 있다. 자동차 브레이크는 1초에 5m/s만큼 속력을 줄여준다고 하자. 브레이크를 6초

동안 밟으면 자동차가 완전히 완전히 멈춘다. 브레이크는 달리는 자동차에 마이너스 방향으로 작용하는 크기가 5인 벡터다. 벡터는 힘의 방향이 얼마나 중요한지 알려준다. 만약 차가 빨간불을 보고 브레이크 대신 엑셀을 밟으면 사고가 난다. 차선을 변경할 때 엑셀 대신 브레이크를 밟아도 마찬가지다. 힘의 방향에 운전자의 생명이 걸려 있다.

벡터의 핵심은 방향이다. 삶에서 힘은 크기보다 방향이 더 중요하다.

나를 따돌리고 괴롭혔던 녀석들은 마치 마이너스에 힘을 실은 벡터와 같다. 이와 달리 플러스 방향에 힘을 실어준 C가 내 곁에 있었다. 학원을 그만둘까 생각했지만, 포켓몬 빵을 사준 친구 덕분에 혼자란 생각이 들지 않았다. C는 날 왕따로 바라보기보다 내 외로움에 주목했다. 타인의 부정적인 시선에 자신의 방향을 얽어매지 않았다.

강원도에서 한창 군 복무 중이던 때, 뭐라 이유를 설명할 수 없지만 갑자기 C가 보고 싶었다. 아마도 주변에 마음 터놓을 친구 없이 홀로 묵묵히 견뎌야 했던 군 생활이 버거워 C가 건넸던 플러스 벡터를 충동적으로 찾았던 듯하다. 화천에서 아산으로 가는 버스 안에서 그때 친구가 줬던 포켓몬 빵이 생각났다. 잠시 생각에 잠겼다. 7년이나 흘러버린 그때 일을 넌 아직도 기억하고 있을까.

C와 함께 치킨을 먹으며 중학교 시절의 기억을 함께 되짚었다. 그런데 내가 까맣게 잊고 있었던 플러스 벡터가 하나 더 있었다. "재윤아, 너 그거 알아? 그때 네게 스티커를 주면 참 좋아했었어." 그는 눈을 반짝이며 계속 말을 이어갔다. "그거 있잖아. 포켓몬 빵 먹으면 항상 나오는 스티커. 난 딱히 필요 없어서 네게 줬더니 무척 좋아하더라고." 그때 친구에게 받았던 것은 빵 하나만이 아니었다. 스티커 한 장을 더 받았다. 그저 받으면 내가 웃음 지었다고 하니까. 친구가 내게 베풀어준 포켓몬 빵 한 개와 스티커 두 장은 그 시절 나에게 보내주었던 따뜻한 플러스 벡터였다.

때로 우린 타인의 부정적인 시선, 마이너스 벡터에 얽매여 플러스 방향을 보지 못하는 경우가 있다. 그때가 오면 잠시 생각을 가다듬고 우리의 시선을 바꿔보는 건 어떨까.

내가 바라야 했던 아름다운 속력

속력

군대를 전역하고 복학했을 때의 일이다. 학교 수업이 끝나고 자취방으로 돌아오는 길, 난 다리를 다친 동생의 가방을 들어주기 위해 남영역에 들렀다. 동생은 자취방에서 학교까지 10킬로미터나 되는 거리를 목발을 짚으며 통학했다. 남영역 출구에서 동생은 절뚝거리며 내게 걸어왔다. 10월 중순, 쌀쌀한 가을인데 동생의 손끝엔 땀방울이 뚝뚝 떨어졌다. 난 후다닥 달려가 동생의 가방을 대신 멨다.

남영역에서 자취방까지 걸어서 7분이면 충분히 도착할 거리를 동생은 무려 21분이나 걸렸다. 이 짧은 거리를 걸으면서 동생은 두 번 쉬었다. 숙대입구역 건널목에서 한 번, 남영동 주민센터 정류장에 있는 의자에서 한 번. 그때마다 동생은 목발을 내려놓고 헉헉 숨을 골랐다. 고작 500미터밖에 안 되는 거리도 속력이 느린 사람에게는 5킬로미터처럼 느껴졌다.

작고 느린 걸음을 걸으며 생각했다. 세상은 다양한 속력을 가진 사람들이 각자의 골인점을 향해 달려가는 경주 같다고. 두 다리로 걷는 사람, 급히 뛰어가는 사람, 목발을 짚는 사람, 그리고 휠체어를 타는 사람까지. 모두가 각자의 속력대로 세상 앞으로 나아가고 있음이 분명하다. 그런데 나보다 빨리 달리는 사람의 속력에 너무 집중하다 보면 내가 어떻게 달리고 있는지 볼 수 없다. 내 속력은 뒤죽박죽 엉망이 되고 내 페이스만 망가진다. 그러다 이대로 털썩 주저앉을지도 모른다는 불안과 영영 뒤처질 수 있다는 두려움이 생긴다. 분명히 내 속력에만 집중하면 꾸준히 달릴 수 있음에도 불구하고 말이다.

사람마다 속력이 이토록 다양하지만 무조건 빨리 가기 급급했던 이유는 무엇일까. 뒤처질까 봐 생기는 두려움 때문이다. 당시 20대 중반, 주변 친구들은 취업을 하거나, 인턴으로 스펙을 쌓고 있었다. 직장을 다니며 바쁘게 살아가는 친구들을 보고 있자니 아

1장 지금 '괜찮아'라는 말이 필요한 당신에게

직도 용돈을 받고 사는 내가 한심해 보였다. 졸업 시험에 떨어져 남들보다 늦게 졸업할 거란 두려움, 좋은 학점을 받지 못해 취업에 실패할 거란 두려움. 머릿속을 맴도는 온갖 나쁜 상상이 파도가 되어 날 덮쳤고 난 이리저리 허우적댔다. 이 두려움은 극복할 수 있는 걸까?

속력은 단위 시간(1초, 1분, 1시간) 동안 이동한 거리를 말한다. 100미터를 20초에 달린 사람의 속력은 100(m)/20(s), 즉 5m/s이다. m(미터)/s(초)는 속력의 단위다.

같은 아파트에 사는 대학생 A, B가 있다. 두 학생은 10킬로미터나 떨어진 학교에 지각할 위기에 처해 있어 서둘러 택시를 타야 한다. 택시 정류장에 택시는 한 대뿐이며 아파트로부터 200미터 떨어져 있다. 두 학생은 택시를 향해 동시에 달리기 시작했다. A는 200미터를 달리는 데 25초, B는 50초가 걸린다. A는 B보다 속력이 두 배나 빠르므로 택시를 먼저 탔다. A는 학교에 제때 도착했고 B는 지각했다.

다음 날 A, B 모두 또 지각할 위기에 처했다. 택시 정류장에 택시는 마찬가지로 한 대뿐이다. 그런데 그들은 같은 속력으로 달리기 시작했다. 정류장에 도착하는 데 50초가 걸렸다. A와 B는 모두 지각을 면했고 사이좋게 택시비를 나누어 냈다. A가 속력을 늦췄기 때문에 함께 달릴 수 있었다. A는 달리는 속도를 늦춰 전날보다 25초 늦게 학교에 도착했지만, B는 그 덕분에 지각하지 않고 도착할 수 있었다. 택시비가 반으로 줄어든 것은 덤이다.

있는 힘껏 달려서 상대방을 불행하게 만들고 나만 행복해지는 것보다, 내 속도를 조금 늦춰 함께 행복해질 수 있다면 그것을 마다할 일이 뭐가 있을까? 속도보다 중요한 것은 방향이며, 언젠가는 결승점에 도착할 수 있다는 믿음이다.

"형 이제 집에 가자." 의자에서 일어난 동생은 다시 목발을 짚었다. 난 혼자 속삭였다. "그래, 같이 걸을까." 이대로 꾸준히 걷다 보면 언젠가는 자취방에 도착할 수 있겠지. 앞다투어 나 혼자 빨리 가는 것보다 타인과 함께 멀리 가는 것을 선택하는 사람들이 늘어난다면 빨리 달려야 한다고 강요하는 세상이 언젠가 서로의 속력을 존중해주는 곳으로 바뀔 수도 있지 않을까? 그런 기분 좋은 소망이 문득 들었다. 늦은 밤 11시, 계절은 쌀쌀한데 내 마음은 뜨겁게 달아오르고 있었다.

1장 지금 '괜찮아'라는 말이 필요한 당신에게

계약직도 하늘의 별 따기인가요

한붓그리기

한붓그리기 게임을 아는가? 한붓그리기란 한 점에서 시작해 펜을 떼지 않고 모든 변을 한 번씩만 지나도록 하는 게임을 말한다. 다음 두 그림은 한붓그리기가 가능할까?

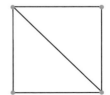

몇 번 시도해보면 가능하다는 사실을 쉽게 알 수 있다. 위 그림처럼 점(꼭짓점)과 선(변)으로 이루어진 그림을 그래프라고 한다. 그렇다면 점과 선이 어떤 식으로든 끊어지지 않고 연결만 되어 있다면 모든 그래프는 한붓그리기가 가능할까? 수학자 오일러 Leonhard Euler도 이 사실이 궁금해 여러 방법을 고민했으며 결국 한붓그리기가 가능하려면 두 가지 조건 중 하나를 만족해야 한다는 사실을 수학적으로 증명해냈다. 첫 번째는 모든 꼭짓점에 연결된 변의 개수가 짝수인 경우, 두 번째는 꼭짓점에 연결된 변의 개수가 단 두 개만 홀수인 경우다. 즉 홀수의 개수가 0이든지 두 개만 홀수여야 한다. 이 두 가지 경우를 제외한 그래프는 한붓그리기가 불가능하다.

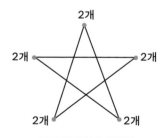

모든 꼭짓점에 연결된
변의 개수가 짝수인 경우

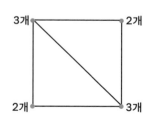

두 개의 꼭짓점에 연결된
변의 개수가 홀수인 경우

1장 지금 '괜찮아'라는 말이 필요한 당신에게

한붓그리기와 관련된 재미있는 수수께끼가 있다. 독일의 쾨니히스베르크Königsberg라는 도시에 대대로 내려오는 의문의 수수께끼다. "쾨니히스베르크에는 프레겔강이 흐르고 그 사이에 섬이 두 개 있다. 그리고 두 섬을 연결하는 일곱 개의 다리가 있다. 이때 각각의 다리들을 한 번씩만 지나 건널 수 있는 경로가 존재하는가?"

이 문제를 풀기 위해 그림에서 서로 다른 4개의 지역을 점 A, B, C, D로 나타내고 7개의 다리를 선으로 그리면 다음과 같은 그림이 나온다.

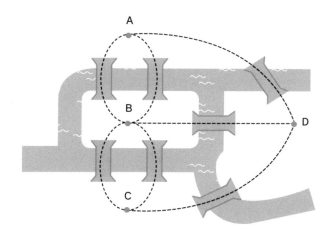

쾨니히스베르크 다리 문제는 한붓그리기가 가능할까? 각각의 꼭짓점에 연결된 변의 개수를 세어보자. A는 3개, B는 5개, C는 3개, D는 3개이다. 쾨니히스베르크 다리 문제는 꼭짓점에 연결된 변의 개수가 모두 홀수이므로 한붓그리기가 불가능하다.

쾨니히스베르크 다리 문제는 애초에 가능한 경로가 존재하지 않았다. 취업 준비를 하며 듣는 불합격 소식도 이와 비슷했다.

대학교를 졸업하자마자 처음으로 기간제 교사를 하기로 마음 먹었을 때 일이다. 기간제 교사 경력이 없다면 계약직조차도 하늘의 별 따기란 사실을 몸소 실감했다. "1차 서류전형 발표 날짜를 절대 기억하지 말고 연락이 오는 곳만 기억하라"던 학교 선배의 말을 이제야 이해했다. 대학을 갓 졸업해 경력이 전무했던 나는 하루에도 불합격 통보 문자를 서너 번씩 받았다. 심지어 연락조차 없는 학교도 있었다. 차라리 속 시원하게 알려주면 기다리면서 초조하지 않을 텐데.

내게 조언을 해준 선배도 졸업 직후 50곳이 넘는 학교의 기간제를 지원했다. 그때 당시 서울 대부분의 학교는 사립이라 인터넷 접수보다 방문 접수 혹은 우편으로 서류를 받았다(물론 2024년

도인 지금은 이메일로 접수한다). 기간제 교사가 되기 위해 쏟아부은 우편비만 10만 원을 훌쩍 넘겼다고 한다. 경쟁은 치열했다. 10년, 20년 경력의 기간제 교사에게 밀려 서류조차 통과하지 못하고 모두 떨어졌다. 그동안 나름 서울의 사범대학교를 나왔다는 자부심이 있었지만, 처음으로 SKY가 아닌 자신이 보잘것없이 느껴졌다고 했다. 심지어 자살 충동마저 느꼈다고.

선배는 학교 시간 강사로 교직 생활을 시작했다. 시간 강사는 지정된 시간에만 출퇴근한다. 예를 들어 오전 11시부터 오후 3시까지 근무하면 4시간 시급을 받는다. 교사는 1년마다 호봉(월급)이 오르는데 시간 강사는 호봉을 올리기가 쉽지 않다. 4시간 시급이면 6일을 일해야 하루를 쳐주기 때문에. 365일을 채우려면 도대체 몇 년이 걸릴까. 시간 강사는 방학도 없다. 근무가 끝나도 아이들 눈치가 보여 쉬는 시간이 끝나고 복도가 한산해질 때까지 기다리다가 나가는 경우도 비일비재하다. 모두 선배의 경험담이다.

그럼에도 시간 강사를 하는 이유는 크게 두 가지다. 첫째, 보통 기간제 교사가 되기 전에 실무 경력을 쌓기 위해서다. 학원 경력은 경력으로 인정되지 않는다(물론 쓸 게 없다면 그거라도 써서 한 줄이라도 채워야 한다). 이토록 열악한 환경을 견디면 기간제 교사 합격에 한 걸음 다가간다. 둘째, 임용고시에 합격할 때까지 버틸 생활비를 마련하기 위해서다. 적은 시간을 투여하기에 시간 강사를 하면서 임용고시 공부를 할 수 있기 때문이다.

당시 나는 기간제 교사로 채용이 되지 않는다면 오전엔 시간 강사, 야간엔 학원 강사 일을 하기로 마음먹었다. 시간 강사는 기간제 교사와 달리 공무원이 아니라서 학원에서 일할 수 있다.

막막했다. 이래서 임용이 어려우면 다들 학원에서 전업 강사로 일하나 싶었다. 정교사도 아닌 기간제 교사가 되는 것조차 이렇게 어렵단 말인가.

집에서 불합격 소식만 접하자니 답답해서 도망치듯 밖으로 나왔다. 숨을 훅훅 내뱉으며 길을 걸었다. 계절은 영하로 떨어지는 겨울이어서 그럴 때마다 안경에 뿌연 김이 서렸다. 평소라면 손으로 쓱쓱 문질러 닦았을 텐데 갑자기 짜증이 밀려왔다. 보일 듯 말 듯 가려진 풍경이 마치 내 미래처럼 느껴졌기 때문이다. 많은 사회 초년생에겐 계약직조차도 하늘의 별 따기다. 취직이 그만큼 어렵다. 어쩌면 모든 20대가 각자의 가려진 길을 걷고 있을지도 모르겠다. 김이 서린 안경을 쓱쓱 닦아내듯 우리의 앞날도 환히 닦일 그날이 오면 얼마나 좋을까.

한 사람의 영혼을 흔들었던 말 한마디

거듭제곱

  0.1밀리미터 두께의 종이를 42번 접을 수 있다면 그 두께는 무려 44만 킬로미터, 지구에서 달까지 거리인 약 40만 킬로미터보다 더 긴 거리다. 고작 종이접기 42번인데 이토록 큰 숫자가 나온다는 게 언뜻 이해가 되지 않는다. 하지만 2의 거듭제곱을 알면 쉽게 이해할 수 있다. 먼저 거듭제곱이란 무엇인가. 같은 숫자를 여러 번 곱한 결과를 간단하게 나타낸 것을 말한다. 만약 2를 네 번 곱했다면 숫자 2의 오른쪽 위에 네 번 곱한 횟수를 쓴다. $2 \times 2 \times 2 \times 2$는 2^4로 간단히 표현한다.

  종이접기는 2의 거듭제곱과 같다. 종이를 한 번 접으면 그

두께는 처음의 2배가 된다. 여기서 한 번 또 접으면 4배 다음은 8배다. 아직까진 작은 숫자로 느껴진다. 2를 두 번 곱한 4와 세 번 곱한 8은 2와 같은 한 자리 숫자에 불과하니까. 하지만 열 번을 접으면 $2^{10}=1,024$라는 네 자리 숫자가 된다. 이때부터는 숫자가 급격하게 증가한다. 그렇게 종이를 42번 접으면? 2^{42}는 4,398,046,511,104이며 0.1밀리미터의 종이라면 439,804킬로미터로 지구에서부터 달까지 닿고도 남는 거리다. 종이를 51번 접으면 태양까지 갈 수 있으며, 81번 접으면 무려 12만 7,786광년 거리에 도달하고도 남는데 이는 안드로메다 은하의 반지름보다 크다. 이처럼 2의 거듭제곱은 아주 작은 숫자가 얼마나 큰 숫자로 변하는지 여실히 보여준다.

우리가 매일 주고받는 말 한마디는 마치 2의 거듭제곱을 닮았다. 사소해 보여도 엄청난 삶의 의미를 만들어내고 있을 테니까.

전쟁 같은 시간을 보내고 있던 고등학교 3학년 때 일이다. 선생님이 되고 싶어 하는 나에게 아빠같이 큰 손으로 자그마한 초콜릿을 건네준 친구가 있었다.

"네가 교실 단상에서 애들 가르칠 날을 기대한다. 넌 왠지 훗

날에 김민형 선생님처럼 될 거 같아."

　난 친구의 말을 듣고 조용히 고갤 끄덕이며 초콜릿을 입에 넣고 우물거렸다. 김민형 선생님은 내가 가장 존경하는 선생님이다. 그는 교실 단상에 설 때마다 아이들에게 정중히 허리를 굽히며 인사했다. 그의 이마가 교탁에 닿을 때까지 말이다. 그러고는 아이들을 향해 항상 이렇게 말했다.

　"사랑합니다."

　그날 이후 난 삶이 무기력해질 때마다 그 친구를 찾아가 걱정을 털어놓았다. 그의 대답은 늘 한결같았다.

　친구 : 걱정하지 마 재윤아. 다 잘 될 거니까.
　나 : 그렇지? 잘 되겠지? 아무 일 없겠지?
　친구 : 지금까지 잘 해왔잖아 넌 너니까.
　나 : …….

　시간이 흐르고 난 사범대 수학교육과에 진학했다. 교육 봉사로 중학교 1학년 아이들을 가르친 적이 있다. 교실 단상에 올라서는 바로 그때, 그 친구가 했던 말들이 번쩍 스쳤다. 지금 내가 아이들을 가르칠 수 있는 이유는 사소하지만 내 영혼을 흔들었던 그의 말 몇 마디 때문이었다. 갑자기 가슴이 벅차올라 웃음이 터졌다. 내가 웃자 말똥말똥한 눈을 한 아이들이 방실거렸다. 행복한 웃음꽃이 교실에 활짝 피어올랐다. 세상은 이렇듯 사소해 보여도 한 사람의 영혼을 흔드는 일들로 가득 채워지고 있다. 우리의 사소한 말과 행동은 앞으로 또 얼마나 많은 거듭제곱을 하게 될까?

하늘을 날고 싶었던 소년

로켓 방정식

대학 시절 오전 강의가 있는 어느 날 아침, 사정없이 울려대는 알람 소리에 화들짝 잠에서 깼다. 일어나기 싫어 소리를 질렀다. 부스스한 눈으로 창문을 열었다. 구름 한 점 없는 하늘이 눈앞에 펼쳐졌다. 불현듯 하늘을 훨훨 날아가고 싶다는 어린 시절의 꿈이 떠올랐다. 피식 웃음이 나왔고 이내 씁쓸했다. 싱글벙글했던 그때와는 분명 다른 웃음이니까.

학교 가는 버스를 기다리며 생각했다. 어렸을 때 손에 500원만 있으면 방방(트램펄린)을 타러 갔다. 방방을 타면 하늘을 훨훨 나는 것 같았다. 방방은 열 살 소년이었던 내게 꿈을 심어주었다.

"언젠가 어른이 되면 저 푸른 하늘을 자유롭게 날아야지." 그 꿈을 함께 이뤄보자고 다짐했던 친구들도 여럿 있었다. 얼굴은 잘 기억 나지 않지만 함께 새끼손가락을 걸었던 기억은 아직도 생생하다.

"부우우웅." 학교를 향하는 버스가 내 앞에 멈췄다. "삑 – 환승 입니다." 어린 시절 상상에서 청년으로 환승. 하늘을 날자며 다짐 했던 아이들도 20대 청년이 되었을 터다. 그들은 지금 무엇을 하 고 있을까? 아마 현실을 살아가기 급급해 꿈을 잃어버린 채 살고 있겠지. 하늘을 날고 싶다는 망상은 버리고 취업을 위한 계획을 어떻게 세울지 궁리하는 편이 더 나을 거라며. 만약 어린 시절의 너희들을 다시 만날 수 있다면 난 무슨 말을 하게 될까?

우주 비행의 아버지라고 불리는 콘스탄틴 치올콥스키Konstantin Tsiolkovskii는 달에 가는 것이 일평생 소원이었다. 그는 어렸을 적 쥘 베른Jules Verne이 쓴 공상 과학 소설을 읽으며 생각했다. '어른 이 되면 꼭 하늘을 날아 달에 가보는 거야.' 어느 날 그의 선생님 이 물었다. "여러분의 꿈은 무엇인가요?" 치올콥스키는 말했다. "선생님 저는 하늘에 있는 달에 가고 싶어요." 친구들은 말도 안 되는 소리를 한다며 깔깔 웃었다. 그럴 수밖에 없었다. 그 당시로서는 고작 열기구로 하늘을 떠다니는 것이 전부였으니까. 하지만 결코 꿈포기하지 않았던 치올콥스키는 우주로 가는 핵심적인 열쇠인 로켓 방정식을 발견했다. 어린 시절 꿈을 잊지 않았던 덕분이다. 로켓 방정식은 아래 설명처럼 다섯 개의 미지수로 이루어졌다. 이 간단한 방정식 덕분에 닐 암스트롱을 태운 로켓이 달로 향했다.

$$v_f = v_i + u \ln \frac{m_i}{m_f}$$

*v_f는 로켓의 최종 속력, v_i는 로켓의 초기 속력, u는 연료의 분사 속력,
m_i는 로켓의 초기 질량, m_f는 로켓의 최종 질량

In은 자연로그의 기호인데 이해하지 않아도 괜찮다. 복잡해 보여도 로켓 방정식의 해답은 좌변, 로켓의 최종 속력(v_f)이다. 우변, 네 개의 미지수 값이 로켓의 발사 여부를 결정한다. 하나의 수치라도 어긋나면 방정식의 정답은 존재하지 않으며 로켓은 발사될 수 없다. 자연로그 옆 분수의 특징은 1000/2 〉 1000/5처럼 분

자의 값이 크고 분모의 값이 작을수록 숫자가 커진다. 즉 로켓의 초기 질량(m_i)이 크고 분사가 된 후 최종 질량(m_f)이 작을 때 로켓의 최종 속력은 빨라진다. 로켓의 초기 속력(v_i)과 연료의 분사 속력(u)은 값이 클수록 로켓의 최종 속력이 빨라진다.

방정식의 핵심은 답을 찾고자 하는 간절한 마음에 있다. 방정은 미지수에 따라 참 또는 거짓이 되는 등식을 말하는데 간단한 예로 $x+2=5$는 x값이 3일 때 참이고 그 외의 숫자는 거짓이므로 방정식이다. 하지만 모든 방정식이 앞의 일차방정식처럼 간단하지만은 않다. 마치 좋아하는 사람이 있다면 그 사람의 마음을 얻기 위해서 어떻게든 방법을 찾으려고 하는 것처럼 방정식의 정확한 답을 구하기는 좀처럼 쉽지 않다는 말이다. 여기서 좋아하는 사람의 마음은 미지수라 볼 수 있고 방법을 찾는 과정은 방정식을 푸는 과정과 유사하다. 아직 찾지 못한 미지수의 값을 찾으려면 결국 여러 번 실패를 반복할 수밖에 없다. 따라서 방정식을 푸는 것은 명확한 정답에 의미가 있는 것이 아니다. 답을 찾고자 하는 '간절한 마음'에 있다.

로켓 방정식도 마찬가지다. 치올콥스키는 로켓이 발사될 수 있는 정확한 값을 발견하기 위해 얼마나 많은 실패를 경험해야 했을까. 그래도 꿈을 이루고자 하는 간절한 마음이 반복된 실패를 겸허히 받아들였다.

로켓 방정식을 발견한 치올콥스키는 결국 달에 갈 수 있었을까? 방법은 알았지만, 그는 너무나도 가난했기에 실제 로켓을 만들 수는 없었다. 그래도 꿈을 향한 그의 마음은 로켓 방정식이 되어 훨훨 날았다.

난 인류 최초로 달에 간 사람을 암스트롱이 아닌 치올콥스키라고 생각한다. 비록 달 표면을 밟진 못했지만 매일 로켓을 타는 꿈을 꾸었으니까.

간절히 이뤄내고 싶은 꿈, 그러나 여러 현실이란 장벽에 가로막혀 우릴 주저앉게 하는 것 또한 꿈이다. 그래도 꿈꾸는 일을 포기하지 않기를 바라본다. 방정식의 핵심이 답을 찾고자 하는 마음이었던 것처럼 꿈을 향한 간절한 마음 하나면 우리는 '각자의 달'에 도달할 수 있을 것이다. 거듭된 실패 속에서도 나는 앞으로도 꿈을 잃지 않고 살아갈 수 있을까?

1+1의 정답이 1이 될 수도 있어

위상수학

1+1은 왜 2일까? "사과 한 개에 사과 한 개를 더 갖다 놓으면 두 개이니까"라고 말할 수 있다. 맞는 말이다. 하지만 이런 주장은 엄밀히 말해 수학의 증명 방법은 아니다. 사과의 정의는 무엇인가. 칼로 깎은 사과, 살짝 덜 익은 사과, 푸르스름한 사과 중 무엇을 사과라고 정의할 수 있는가. 한 개의 정의는 무엇인가. 일반적인 사과보다 크기가 작은 사과나 벌레가 일부를 갉아먹은 사과도 한 개의 사과라고 할 수 있는가? '갖다 놓는다'라는 행위는 더하기(+)란 연산을 모두 설명할 만큼 충분한가. 만약 서울시 기온이 5도씨에서 10도씨 상승했다면 기온 변화를 '갖다 놓는다'라고 설

명할 수 있는가?

　이런 혼란이 생긴 이유는 논리의 출발점을 제대로 잡지 않았기 때문이다. 수학은 공리Axiom로 논리의 출발점을 세운다. 공리란 너무나도 당연해서 증명할 수 없는 사실을 말한다. 그리고 공리들의 모임을 공리계라고 부른다. 1+1=2는 페아노 공리계Peano axioms와 더하기의 정의로 증명할 수 있다. 페아노 공리계는 자연수를 엄밀히 정의하며 다섯 가지 공리로 이루어져 있다. 이해하기 어렵더라도 이렇게 체계적인 논리가 있다는 사실만 알고 가도 좋겠다.

　1. 1은 자연수다.

　2. 모든 자연수 n은 그다음 수 n'을 갖는다.

　3. $n'=1$인 자연수는 없다.

　4. $n'=m'$이면 $n=m$이다.

　5. 다음 조건을 만족하는 집합 K는 모든 자연수를 포함한다.

　　① 자연수 1은 K에 속한다.

　　② 모든 자연수 n이 K에 속할 때 n'은 K에 속한다.

아마 정신이 멍해졌을텐데 전혀 겁먹을 필요 없다. 쉽게 요약하면 "자연수는 1부터 무한대까지 순차적인 진행을 한다"로 이해하면 된다. 더하기의 정의는 다음과 같다.

- 더하기의 정의
  모든 자연수 n에 대하여 $n+1=n'$이다.

1+1=2 증명은 생각보다 간단하다. 페아노 1번 공리로 1은 자연수다. 페아노 2번 공리로 1은 그다음 수 $1'$을 갖는다. 즉 $1'$=2다. 더하기의 정의에 자연수 1을 대입하자. $1+1=1'$이다. $1+1=1'$=2이므로 1+1=2다.

만약 페아노 공리계를 인정하지 않으면 어떻게 될까? 초등학생 시절 발명왕 에디슨은 선생님께 '찰흙 한 덩이와 찰흙 한 덩이를 둥글게 뭉치면 여전히 한 덩이이므로 1+1=1 아니냐'는 주장을 했다. 선생님은 에디슨의 말을 듣고 말문이 막혔다. 어린아이의 말장난 같아 보이지만 위상수학topology을 이해한다면 그의 말이 참임을 증명할 수 있다.

위상수학은 도형의 '크기와 모양'에 상관없이 '연결 상태'를 바탕으로 도형을 연구한다. 말랑말랑한 고무공을 예로 생각하자. 고무공을 납작하게 만들 수 있고 바람을 넣어 더 크게 만들 수 있다. 고무공이 납작해지거나 크기가 커져도 한 덩어리라는 연결 상태는 변하지 않는다. 고무공을 찢어버리거나 터뜨리지 않는 이상 늘리거나 비틀어도 상관없다는 말이다. 고무공뿐만 아니라 정육면체, 구, 삼각기둥, 원기둥 등 모양과 크기가 달라도 한 덩어리라면 모두 같다.

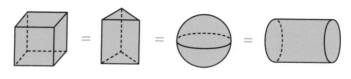

위상수학에서는 모두 같다.

따라서 두 개의 찰흙 덩어리를 둥글게 뭉치면 크기는 커져도 한 덩어리다. 위상수학에서는 1+1=1이다.

1+1의 결과는 기준을 어떻게 세우느냐에 따라 얼마든지 달라질 수 있다.

삶이란 마치 선택의 갈림길과 같아서 하나의 길을 무조건 택해야만 하는 순간이 더러 있다. 매우 중요한 결정을 해야 한다면 과연 무엇이 옳고 그른 선택일지 좀처럼 확신이 서지 않는 경우가 많다. 그 상황을 피하고만 싶고 그냥 털썩 주저앉고 싶다는 생각이 들지 모르겠다. 그래도 이 사실 하나만은 분명하다. 정답이 명확할 줄 알았던 수학조차도 정해진 답이 없다는 것이다. 1+1은 2가 아닐 수도 있으며 2라는 답은 페아노 공리계에 의한 결과일 뿐이다. 이처럼 우리의 삶에 필요한 건 명확한 정답이 아니다. 오직 내가 세운 기준에 대한 '굳은 확신'이다.

내게도 중요한 선택의 갈림길에 놓인 적이 있었다. 사범대생이면 대학교 4학년 때 임용고시를 볼지, 안 볼지 진로 트랙을 선택한 후 학과 조교에게 제출해야 하는데 그때 난 보지 않겠다고 답했다. 임용고시는 상대평가이기에 아무리 내가 수학 전공 과목에 대해 잘 안다고 해도 합격이 보장되는 것이 아니다. 노량진의 좁은 고시원에 틀어박혀 시험 공부를 하는 선배들의 모습을 보자니 예전 10대 때가 떠올라 더더욱 임용고시를 보기 싫었다. 10대 때 오로지 대입을 위해 즉석밥으로 간단히 끼니만 때우고 도서관에 틀어박혀 열 시간씩 공부했는데, 합격이 보장되지도 않는 임용고시에 내 아름다운 20대를 바치고 싶지 않았다. 굳은 확신을 두고 임용고시를 준비하는 선배들이 존경스러웠다. 그들은 도대체 자신의 정답을 어떻게 굳게 믿은 채 길을 걸어가는 걸까?

사범대생이라고 해서 반드시 임용고시가 정답은 아니다. 어떤 이들은 기간제 교사라는 방법으로 교직 생활을 계속 이어가기도 한다. 기간제 교사는 말 그대로 계약직이며 정교사가 아니니 임용고시를 치르지 않은 인력으로 충원된다. 정교사와 다른 점은 딱 두 가지, 퇴직 후 공무원 연금이 없다는 점과 1년마다 계약서를 새로 써야 하는 고용 불안정성이다. 이것만 제외하면 정교사와 같은 경력이 인정되며 정교사에게만 주어지던 교원 1급 자격증도 연수를 통해 받을 수 있다. 한 학교에서 10년 이상 기간제 교사로 근무하고 계시는 분들도 보았다.

내게 기간제 교사는 마치 열정적인 프리랜서처럼 느껴졌다. 능력이 뛰어나면 원하는 학교에 갈 자유가 주어지는 만큼 내가 원할 때 일을 그만둘 수 있고 내가 원하는 학교에 면접을 봐서 들어갈 수 있으니까. 어느 인강 강사의 말을 빌리자면 "네가 회사에 들어가는 게 아니라 오히려 회사가 너를 간절히 찾도록 만드는" 사람이고 싶었다. 그래서 난 졸업 후 굳은 확신을 가지고 곧장 기간제 교사의 길을 걸었다. 물론 그 확신이 흔들릴 때도 있었다.

2022년 가을, 이전에 근무했던 한 학교에서 축제가 열린다는 소식을 들었다. 그곳에 근무 중인 선생님으로부터 초대를 받아 오랜만에 학교를 찾았다. 두 시간 남짓 되는 아이들의 공연을 보겠다고 그보다 많은 시간을 들여 90킬로미터나 떨어진 곳을 간다는 게 부담스럽기도 했지만, 공연보다는 가르쳤던 학생들을 볼 수 있다는 생각에 계절은 찬 바람이 부는 가을인데 마치 봄바람이 부는 것처럼 설레어왔다. 학생들이 혹시나 반겨주지 않으면 어쩌지, 어떻게 인사를 하면 좋을까 등 여러 생각에 잠겼다.

축제장에 도착한 뒤, 오랜만에 학생들과 인사를 하려니 괜스레 떨리고 부끄러워 출입구 구석에 홀로 박혀 있었다. MBTI로 따지자면 난 분명 E(외향형)인데 말이다. 그래도 나를 용케 알아본 몇몇 학생들과 짧은 이야기를 나눴다. 그 학교를 떠난 지 4개월밖에 되지 않았는데 그새 학생들은 여러모로 훌쩍 변해 있었다. 단발머리가 어느새 중단발이 되었거나 갈색 머리를 진한 검정색으로 염색한 학생도 있었다. 웃픈 이야기지만 살이 쪘다고 투정 부리는 학생도 있었다. 수학 성적이 눈에 띄게 올랐다며 칭찬해달라는 기특한 학생과 심지어 너무 반갑다며 내게 눈물을 글썽였던 학생들까지. 내가 뭐라고……. 고맙기도 하고 미안하기도 했다. 짧은 만남이었지만 갑작스러운 이별 통보를 덜컥해버 렸던 탓일까. 미리 준비되지 않은 이별을 겪게 한 학생들에게 괜히 미안했고 죄책감이 들었다.

집에 돌아가는 길, 단 한 번도 부럽지 않았던 정교사가 문득 부러워졌다. 누군가의 단 한 번뿐인 10대 시절을 함께한다는 건 교사에게 주어진 큰 선물이라 생각했다. 그 사람의 10대는 영원하지 않기 때문이다. 그렇기에 학생들의 성장 과정을 곁에서 지켜볼 수 있다는 건 정교사가 가진 큰 축복이다. 통상 기간제 교사의 계약 기간은 짧으면 2개월 길면 1년이므로 3년 동안 학생들이 성장하는 과정을 보는 일은 쉽지 않다. 물론 재계약 여부에 따라 사정이야 얼마든지 달라질 수 있으나 계약이 만료되면 원하든 원하지 않든 학생들과 이별해야 한다. 학생과의 이별은 정교사, 기간제 교사 모두 겪어야 하는 일이지만 성격이 다르다. 학생의 3년 과정을 모두 지켜본 후 아이들을 떠나보내는 것과 계약 기간이 끝나서 교사가 떠나야만 하는 건 분명 다르다. 이런 이유로 기간제 교사에 대한 내 굳은 확신은 물러지고, 그만둬버리고 싶다는 생각마저 들었다.

삶에서 중요한 선택을 해야만 하는 순간이 종종 있다. 나는 기간제 교사라는 자유로움을 택했기에 정교사가 주는 안정성은 가질 수 없었다. 이처럼 자유와 안정은 마치 반비례 관계와도 같아서 삶이 안정에 가까워질수록 그만큼의 자유가 줄어들고 삶이 자유로울수록 그만큼의 안정은 포기해야 한다. 평생 먹고사는 걱정이 없을 만큼 경제적 여유가 있지 않은 이상, 자유와 안정을 모두 가지는 건 불가능에 가까울 테니까.

10대든 20대든 30대든 어느 순간에는 자유와 안정, 둘 중 하나를 택해야만 하는 순간이 온다. 둘 중 어느 길이 옳은 길이라고 선뜻 결론을 내릴 수 없다. 누구는 안정적인 삶을 위해 공무원 시험을 준비한다. 또 다른 누구는 자유로운 삶을 추구하기에 불안정과 위험을 감수하며 순간순간을 살아간다. 이럴 때 우리가 할 수 있는 건 오로지 내가 선택한 길에 대한 굳은 확신을 가지고서 앞으로 나아가는 일이다. 1+1의 정답이 1이 될 수도 있고 2가 될 수도 있었던 것처럼 말이다.

어쩌면 지금의 청년들에게 필요한 것은 1+1=2라는 '정답'이 아니라 1+1에 대한 각자의 답을 찾는 것일지도 모른다.

사랑을 그려낼 수 있다면 어떤 모양일까

고정점

    고정점fixed point이란 연속적인 변화가 일어나기 전과 후의 위치가 같은 점을 말한다. 연속적인 변화를 수학적으로 설명하는 것은 무척 어려운 일이니 간단하게 소개한다. 동그란 컵 안에 든 미숫가루를 잘 녹이려면 빨대로 구석구석 잘 저어야 한다. 연속적인 변화란 마치 빨대를 젓는 과정과 같다. 빨대를 저으면 컵 안에 있는 미숫가루들이 여기저기로 이동한다. 이때 빨대를 휘젓기 전의 위치와 휘저은 후의 위치가 같은 미숫가루는 항상 존재한다. 받아들이기 어렵겠지만, W자로 젓든 혹은 불규칙하게 마구 젓든 간에 최소한 하나의 고정점을 가진다는 말이다. 예를 들어 다음 그림의

점 A 가 시계 방향으로 저었을 때 고정점이다.

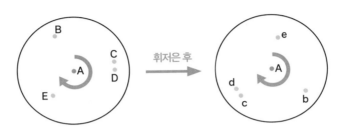

함수란 원인과 결과의 대응 관계이므로 시계 방향으로 젓기
전과 후의 위치 관계를 함수로 나타낼 수 있다. 고정점 A의 위치
가 변함없음에 주목하라.

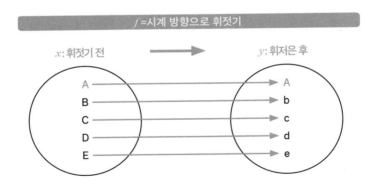

　　　　　　　　　　　　1장 지금 '괜찮아'라는 말이 필요한 당신에게

마찬가지로 W자로 젓는 것과 불규칙하게 젓는 것 또한 함수
로 표현할 수 있다. 다음 그림에서 B와 C의 경우 어떻게 변할지
알 수 없지만, W처럼 최소한 하나의 고정점은 반드시 가진다.

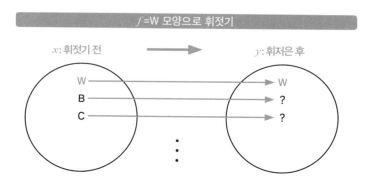

고정점은 변화가 일어나기 전과 후의 위치가 항상 같으므로
$f(x)=x$로 나타낸다. $f(\ )$ 괄호 안에 무엇을 집어넣어도 그 결과
가 자기 자신이란 말이다. 즉 아무런 변화가 없다.

그렇다면 컵 모양이 도넛 모양이거나 별 모양일 때도 고정점
은 과연 존재할까? 고정점은 도형이 볼록한 경우에만 존재한다.
볼록이란 도형 내부에 있는 임의의 두 점을 이어도 내부에 있는
경우를 말한다.

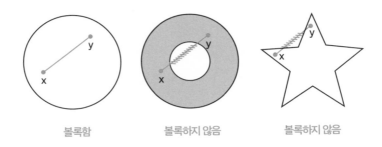

볼록함   볼록하지 않음   볼록하지 않음

동그란 컵 내부에 있는 두 점은 어떻게 잡든 선이 반드시 컵 안에 있다. 하지만 도넛 모양과 별 모양은 컵 바깥을 지나는 경우가 존재하기에 볼록하지 않다. 그러므로 컵을 휘저으면 미숫가루가 모조리 움직인다.

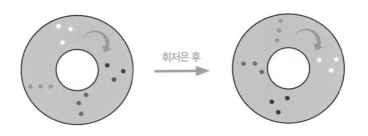

휘저은 후

볼록한 공간 내에서 일어나는 연속적인 변환은 반드시 고정점을 갖는다. 위 정리를 브라우어 고정점 정리Brouwer fixed-point theorem라고 말한다.

　사랑을 그려낼 수만 있다면 아마 볼록한 공간일 것이다. 아무
리 저어도 움직이지 않는 고정점이 반드시 존재할 테니까.

　고등학교 시절, 야간 자율학습이 끝난 늦은 밤 11시 쯤 집에
돌아오면 언제나 책상 위에 과일 한 접시가 놓여 있었다. 어머니
는 하루도 빠짐없이 사과, 배, 복숭아 등의 과일을 씻었고 내가 집
에 오기를 손꼽아 기다렸다. 대학생이 된 나는 집을 떠나 서울에
서 생활했다. 가끔 서울에서 본가로 돌아올 때마다 어머니는 변함
없이 과일 한 접시를 내 책상 위에 올려놓으셨다.

　나는 친구들과 종일 놀고 새벽이 돼서야 집에 들어왔다. 살금
살금 들어와 방문을 열면 과일 한 접시가 항상 날 기다리고 있었
다. 하지만 먹지 않았다. 하염없이 날 기다리던 과일은 외면당한
채로 버려졌다. 그래도 어머니는 자식이 돌아올 때마다 매일같이
과일을 씻었다. 나는 또 먹지 않았고 어머니는 말라비틀어진 과일
을 나 대신 목구멍으로 삼키셨을 것이다. 그래도 어머니는 내 책
상 위에 과일을 올려놓을 수 있는 것을 행복해하셨다. 과일 한 접
시를 줄 수 있는 건 보고픈 아들이 반드시 집에 돌아온다는 사실

과 같았으니까.

2016년 5월 17일, 입대했던 날. 어머니는 훈련소 앞에서 닭똥 같은 눈물을 흘리셨다. 어머니는 내 얼굴을 어루만지며 말씀하셨다. "보고 싶을 거야. 아들." 바로 그때, 운동장쪽 확성기에서 훅훅, 하는 소리와 함께 "현 시간부로 입영 장정들은 운동장 중앙으로 모여주시기 바랍니다"라는 안내 방송이 나왔다. 어머니에게 손을 흔들며 인사를 건넸다. 애써 터져 나오는 눈물을 꾹꾹 참았다. 나마저 울어버리면 어머니가 그대로 주저앉을 것만 같았기에. 어머니는 2년 동안 자식을 향한 그리움을 삼켜야 했다. 차라리 말라비틀어진 과일을 삼키는 게 더 나았을지도 모른다.

고등학교 시절 야간 자율학습이 끝난 늦은 밤 11시, 아버지는 나를 태우러 학교에 오셨다. "그르렁 덜덜덜." 10년이 넘은 차의 둔탁한 쇳소리가 들려오면 난 학교 밖으로 달려갔다. "아들아, 어서 타거라." 아버지는 미소를 지으며 말씀하셨다. 아버지를 바라봤다. 헝클어진 머리칼과 축 처진 눈매. 고된 일을 마친 터라 많이 지치고 피곤해 보였다. 그래도 주름진 얼굴엔 활짝 생기가 돌았다.

아파트 주차장에 도착하면 아버지는 집까지 내 책가방을 메셨다. 늘 변함없이. 난 집 앞 계단을 오르는 아버지의 뒷모습을 보았다. 그런데 시간이 흐를수록 그의 등은 점점 작아 보였다. 기억 속의 모습과 너무나 달랐다.

다섯 살 무렵, 달리기 대회에서 당당히 1등을 하고 돌아온 아버지를 기억한다. 아버지의 팔뚝은 내 머리통만큼 굵었다. 아버지는 돌같이 딱딱한 팔로 날 번쩍 들어 올렸다. 아버지는 집에 고장 난 물건은 무엇이든 다 고치셨으며, 모르는 걸 물어보면 막힘없이 술술 대답해주셨다. 난 그런 아버지를 닮고 싶었다. 그는 이 세상에서 제일 힘이 세고 똑똑한 사람이었다.

어느새 시간이 많이 흘렀다. 내 머리만큼 굵은 팔뚝 대신 불룩 나온 뱃살과 풍성한 곱슬머리 대신 듬성듬성하고 힘없이 헝클어진 머리카락이 그때의 아버지를 대신한다. 그래도 당신은 나의 영원한 영웅이다. 언젠간 나도 당신처럼 늘 변함없이 책가방을 메어주는 아버지가 되길 원한다. 자식의 책가방을 메는 것은 가족의 짐을 품고 감당하려는 마음이었다. 오늘 내가 편히 집에서 쉴 수 있는 이유는 하루도 빠짐없이 당신이 수고의 열매를 맺고 땀을 흘렸기 때문이란 사실을 어리석게도 이제야 알았다.

늦은 밤 12시 40분, 고요한 시간. 오랜만에 군대에서 휴가를 나온 난 친구들과 시간을 보내고 집에 돌아왔다. 책상엔 늘 변함없이 과일 한 접시와 학창 시절 때 멨던 책가방이 가지런히 침대 맡에 놓여 날 반기고 있었다. 고개를 푹 숙였다. 그제야 어머니가 가져다 놓으신 그 과일들을 묵묵히 입안에 넣었다. 과즙이 입안에서 터졌다. 포크를 쥔 손과 입술은 부르르 떨렸다. 날 아낌없이 지지해주고 응원해주신 어머니와 아버지의 사랑을 삼킨다. $f(x)=x$처럼 늘 변함없이. 시큰거리는 코를 부여잡고 부엌 식탁에 빈 접시를 두었다. 어머니와 아버지께서는 안방에서 곤히 주무시고 계셨다.

그래 여기까지 잘 왔다

프랙털

나무를 그려보자. 먼저 나무 기둥과 큰 나뭇가지를 그리자.

큰 나뭇가지에서 뻗어 나온 작은 나뭇가지를 그리자.

작은 나뭇가지에서 뻗어 나온 더 작은 나뭇가지를 그리자.

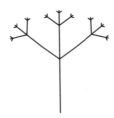

나무 각각의 부분은 나무 전체의 모양과 닮았다.

1장 지금 '괜찮아'라는 말이 필요한 당신에게

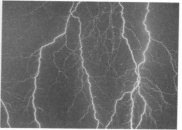

부분의 모양이 전체 모양과 닮아 있는 현상을 자기유사성self-similarity이라고 말한다. 자기유사성을 지닌 모양은 자연에서 쉽게 찾을 수 있다. 고사리와 같은 양치류 식물은 잎의 일부분이 전체의 모양과 닮았다. 브로콜리도 부분의 모양이 전체의 모양과 닮았다. 큰 번개 줄기에서 작은 번개 줄기가 갈라져 나오는 번개와 땅 이곳저곳이 갈라진 지진 역시 모두 자기유사성을 지닌 모양이다.

자기유사성을 지닌 모양이 끝없이 반복되는 도형은 프랙털fractal이다. 프랙털은 프랑스의 수학자 브누아 망델브로Benoit Mandelbrot가 지은 《자연의 프랙털 기하학》에서 처음 등장한다. 스웨덴의 수학자 코흐Helge von Koch는 '코흐의 눈송이 곡선'이란 프랙털을 발견했다. 눈송이 곡선은 마치 눈꽃 결정과 매우 유사하다. 코흐의 눈송이 곡선이 만들어지는 과정은 다음과 같다.

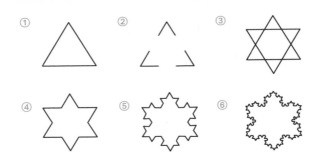

코흐의 눈송이 곡선이 완성되는 과정

① 정삼각형을 그린다.(그림 1)

② 정삼각형의 각 변을 3등분하고 가운데를 없앤다.(그림 2)

③ 각 변의 없앤 부분 위에 그만큼의 길이를 한 변으로 하는 정삼각형을 만든다.(그림 3)

④ 도형의 바깥 선분만 남긴다.(그림 4)

⑤ (그림 4)에서 길이가 같은 12개의 선분에 1번부터 4번을 시행하면 (그림 5)가 남는다.

⑥ 이 과정을 무한히 반복하면 (그림 6)과 같이 둘레가 점점 복잡해진 눈꽃 결정의 모양을 갖는다.

1장 지금 '괜찮아'라는 말이 필요한 당신에게

눈송이 곡선은 한 변의 길이가 4/3배씩 증가하는 규칙을 보인다. 처음 정삼각형 한 변의 길이를 1이라 하자. 두 번째 단계에서 도형의 한 변 길이는 얼마일까? 길이가 1/3인 선분이 4개가 있으므로 4/3다. 세 번째 단계는 어떤가. 길이가 1/9인 선분이 16개가 있으므로 16/9 즉 4/3의 제곱. 4/3을 두 번 곱한 값이다. 각 단계에서 한 변의 길이는 4/3씩 증가하므로 n번째 단계에서 한 변의 길이는 4/3의 $n-1$제곱이다. 위 과정을 무한히 반복하면 한 변의 길이는 무한대로 발산한다.

프랙털은 자기유사성을 지닌 모양이 끝없이 반복되기에 정확한 모습을 그릴 수 없다. 미래의 모습도 마찬가지다.

어느 고등학생이 내게 고민을 털어놓았다. "선생님, 전 이다음에 커서 어떤 모습이 되어 있을까요. 무엇을 하고 싶은지도 전혀 모르겠어요. 그럼에도 공부를 계속해야만 하는 현실이 답답해요." 어떻게 대답해주어야 할지 몰라 막막했다. "언젠가 하고 싶은 일을 찾을 수 있겠지"라고 말하는 것은 시답지 않은 위로 같았다. 억지로 힘내라는 말처럼 들릴 수 있으니까.

그렇다면 나는 앞으로 무엇을 하며 살아갈까? 교사를 꿈꾸는

게 옳은 선택이었을까? 과연 나이 들어서까지 가르치는 일을 하고 있을까? 사범대를 졸업했지만, 생뚱맞게 작가란 꿈이 덜컥 생기기도 했다. 어쩌면 힘들고 답답한 건 당연하다. 우린 미래의 명확한 모습을 알 수 없으니까.

프랙털을 정확히 그릴 수 없는 것처럼 나조차도 내 모습을 제대로 알 수 없다. 하지만 지나온 흔적은 되돌아볼 수 있지 않던가. 프랙털의 핵심은 도형이 남긴 흔적을 살피며 자기유사성을 파악하는 일이다. 코흐의 눈송이 곡선의 길이가 4/3배씩 증가한다는 규칙을 알 수 있는 것처럼.

그러니 알 수 없는 미래에 불안해하기보다 여태까지 남긴 과거의 흔적을 되돌아보는 것은 어떨까. 그것은 마치 걸어온 길을 되돌아갔을 때 비로소 보였던 풍경처럼 아름다울지도 모르니.

가장 낮은 곳에서 피어나는 꽃

무한대와 무한소

인도의 수도 델리에서 10시간 정도 떨어져 있는 찬드라반 마을은 하루 1.25달러로 살아가는 곳이자 14억이 넘는 인도인조차도 잘 모르는 마을이다. S여대에 재학 중이었던 J는 2013년 대학생 봉사활동으로 그곳을 처음 방문했다.

"찬드라반 아이들을 처음 만났을 때를 아직도 생생히 기억해." J가 내게 말했다. "처음에 내 눈이 가장 먼저 갔던 곳은 차갑고 거친 발이었어. 신발을 신지 않은 채 돌아다니는 아이들의 발은 어느 곳 하나 성한 곳이 없었어. 그래서 적어도 아이들과 함께 있을 때만큼은 아이들의 발을 우물가에서 씻겨주었지."

J에게 물었다. "제일 기억에 남았던 아이가 있어?",

"음…… 로슨리. 처음 그 앨 만났던 건 2013년 1월이었어. 너도 그런 경험이 혹시 있을지 모르겠는데, 말하지 않아도 모든 것을 알 것만 같고 왠지 직관적으로 눈길이 가는 사람이 있잖아? 그 애가 딱 그랬어. 로슨리가 태어나자마자 아버지는 돌아가셨고 어머니는 생활고를 견디지 못하고 다섯 살의 로슨리를 두고 도망갔어. 그렇게 로슨리는 할머니 손에 자라게 되었대. 그래서 그런지 남들보다 더 씩씩하고 독립심이 굉장히 강하더라고. 헤어질 시간이 될 때 내 온몸을 부여잡으며 갓난아이처럼 엉엉 울었는데, 그

때 갑자기 이런 생각이 든 거야. 엄마가 없는 삶을 감당한다는 건 어린아이에게 너무 버거운 일이 아니었을까? 무엇으로 로슨리의 마음을 채워줄 수 있을까. 로슨리에게 정말 필요한 것은 무엇일까."

J는 잠시 머뭇거렸지만, 곧 다시 말을 이어갔다. "로슨리의 삶의 무게를 조금이라도 덜어주고, 함께하고 싶었어. 그래서 욕심이 난 거지 이 아이의 엄마가 되고 싶다고 말이야." J의 이야기를 듣고 난 고갤 끄덕였다.

"그래서 세 번째 만났을 때, 로슨리의 할머니의 도움을 받아 조심스레 아이에게 물어보았지. 내가 너의 엄마가 되고 싶은데 어떻게 생각하냐고. 그러자 로슨리가 두 눈을 지그시 감으며 좋다고 말하더라고. 어찌나 엄마라는 말을 좋아하던지. 매일 나를 쫓아다니면서 '엄마'라고 말할 때마다 손을 꼭 잡아주었어."

그렇게 J는 2013년부터 2023년까지 여덟 번 찬드라반 마을을 방문했다. 왜 J는 로슨리를 매년 찾았던 것일까? 좀 더 J의 이야기를 듣고 싶었다.

"찬드라반 아이들은 꿈이란 단어를 몰랐어. 그래서 아이들에게 꿈의 의미를 알려주고 싶어서 다양한 '꿈' 교육 활동을 진행했지. 그러던 어느 날, 로슨리는 마침내 정원사라는 꿈을 가지게 된 거야. 하지만 현실은 녹록지 않았어. 로슨리는 부모님이 안 계셔서 할머니와 할아버지 밑에서 자랐는데 할아버지 할머니는 워낙 연세가 많으셔서 로슨리가 일찍 결혼하길 원하셨어. 그때 로슨리가 아직 여덟 살이었는데 말이지."

> 할머니 : 로슨리는 내가 언제 죽을지 모르니까. 2년 안에는 결혼을 해야 해요. 돈이 없으니까 합동 결혼식을 시켜야 해. 그래야 내가 죽어도 걜 보살필 사람이 생기지.
> J : 로슨리 결혼하고 싶니?
> 로슨리 : (절레절레 고개를 흔들고만 있다가 도망가버렸다. 그리고 곧 정적과 눈물.)

2020년 1월 어느 날, J가 로슨리를 마지막으로 봤을 때 모습이다. 사진 속의 옷들은 모두 J의 것이었다. J는 로슨리와 헤어질 때마다 자신의 옷이나 물건을 쥐어주고 떠났다. 하나라도 더 주고 싶은 마음이었을까? 로슨리는 그해에 결혼한다고 했는데 나이는 고작 11살이었다. 그리고 2020년 6월에 로슨리는 어느 마을의 한 남자와 합동 결혼을 했다. 결혼한 지 2년 6개월 정도 된 2023년

1월 로슨리는 결혼 생활 동안 이어진 남편의 폭력을 견디지 못하고 집을 나왔다. 로슨리의 할아버지와 할머니는 로슨리의 의지와 상관없이 그녀가 또 결혼하길 바란다. J는 찬드라반 마을에 제2의 로슨리가 생기지 않도록 자신이 할 수 있는 일이 무엇이 있을지 고민하는 듯했다.

J에게

다시 인도로 향했다는 소식을 들었어. 이번엔 언제 한국에 돌아올지 모르겠지만, 만약 돌아온다면 이 편지를 꼭 읽어주길 바라. 사실 너에게 하고 싶은 말이 있었어. 하고 싶은 말을 부치지 못한 편지로 바꿔 개수를 헤아린다면 한두 개의 0들은 가뿐히 붙어 있을 거야. 그만큼 네 앞에만 서면 좀처럼 입이 떨어지지 않아서. 차마 얼굴을 보며 말하지 못한 이야기를 글로나마 전한다는 걸 부디 알아줬으면 좋겠다. 항상 느끼는 거지만 널 보면 늘 대단하다고 느꼈어. 대단하다는 말을 넘어서서 존중하고 존경해. 너에게 묻고 싶었어. 왜 국적도 인종도 다른 낯선 아이의 상처 난 발을 씻겨줄 뿐만 아니라 너의 옷을 내어줄 만큼 신경을 써야 했는지. 도대체 무엇이 널 찬드라반으로 가도록 이끌었는지. 만약 그 이끌

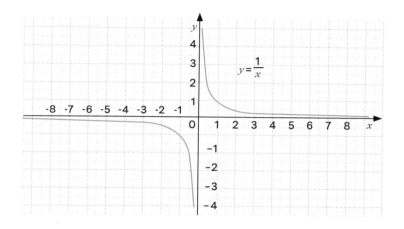

림을 중력으로 계산할 수 있다면 아마 지구가 달을 끌어당기는 힘
보다 클 거란 추측만 남겨질 뿐, 나름 혼자 고민하고 결론을 내려
보려고 했는데 도무지 정답이 내려지지 않더라.

그런데 어느 날, 네가 하는 행동이 이해되는 순간이 있었어. 바
로 사랑 아니었을까? 사실 사랑이 무엇인지 좀처럼 정의 내릴 수
없잖아? 그것처럼 네가 했던 그 모든 행동과 생각이 사랑이라면
어느 정도 이해가 되더라. 그걸 깨달은 건 학교에서 극한이란 개
념을 학생들에게 알려줄 때였어. 극한이란 ○○에 가까워지고 있
음을 의미하는데 $y = 1/x$ 의 그래프에서 x 가 양수인 경우 극한을

살펴보면 두 가지 무한을 볼 수 있더라고. 한없이 작아지는 무한 소와 한없이 커지는 무한대였지.

만약 x의 값이 점점 커지면서 양의 무한대로 향하면 그에 따른 y의 값은 점점 0에 가까워질 수밖에 없고 x의 값이 점점 0에 가까워질수록 y는 양의 무한대로 향하잖아? $y=1/x$ 그래프의 극한을 관찰하면 0과 무한대는 서로 일맥상통하지. 숫자 0에 무한대가 숨어 있고 무한대로 가는 과정에 숫자 0이 숨어 있는 거야. 난이 과정이 네가 보여준 사랑처럼 느껴지더라. 사랑은 자기 자신을 한없이 낮춰 아무것도 없는 상태인 0이 되어야만 상대에게 무한한 사랑을 베풀 수 있었던 거야. 널 보면서 0과 무한대라는 너무나도 상반되는 수학적 개념이 동시에 공존할 수 있다는 생각이 들었어. 좀처럼 이해하기 힘들고 선뜻 말로 표현할 수 없잖아. 그게 사랑이지 않을까 싶더라고.

그래서 이 말을 꼭 전하고 싶었어. 그러니까 한 번만 더, 네가 다시 한국으로 돌아온다면 내게 사랑을 알려줘서 고마웠다고 전하고 싶어. 자기 자신을 한없이 낮추는 자리에서 무한히 피어오르는 사랑. 그래서 사랑은 가장 낮은 곳에서 피어나는 꽃이었을지도 모르겠다고.

1장 지금 '괜찮아'라는 말이 필요한 당신에게

Math

Math

타인의 불편한 시선으로부터
자유로워지기

Math & Comfort

삐뚤빼뚤해도 원이 될 수 있어

택시 기하학

사람들에게 원Circle이 뭐냐고 물으면 대부분 '동그라미', '둥글둥글한 것'이라고 답한다. '둥글다'의 어원은 공의 모양을 닮은 것을 말한다. 그러나 다음 그림을 보면 우리가 학창 시절에 배운 원과 다른 모양도 있다. 둥글다는 설명보다 더욱 엄밀한 정의가 필요하다.

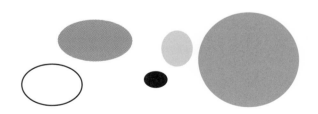

수학에서는 원을 고정된 한 점으로부터 최단 경로가 같은 점들의 모임이라고 말한다. 최단 경로란 무엇일까? 평면에서 두 점 A, B 사이의 최단 경로는 다음 그림의 주황색 선분이며 두 점을 잇는 최단 경로는 오직 하나만 존재한다.

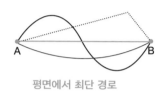

평면에서 최단 경로

고정된 한 점(A)으로부터 최단 경로가 2인 점들을 평면에 모두 나타낸 그림은 다음과 같다. 수학은 이렇듯 엄밀한 정의를 추구하기에 명확하다.

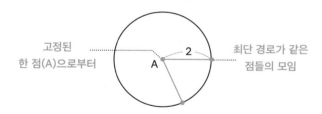

택시 기하학Taxicab Geometry에서 원의 형태는 평면에서의 원과

다르다. 택시 기하학이란 19세기 독일의 수학자 헤르만 민코프스키Hermann Minkowski가 격자형 구조에서 최단 경로를 측정하기 위해 만든 기하학이다. 도로가 격자형 구조로 된 도시를 생각해보자. 도로망 한 칸의 가로, 세로의 길이는 각각 1이다.

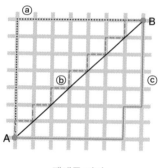

맨해튼 거리

택시를 타고 A에서 B로 이동해야 한다. A와 B를 잇는 검정 실선은 최단 경로지만 그렇게 갈 수는 없다. 택시는 반드시 도로를 따라서 가야 한다. 평면에서 최단 경로는 오직 하나만 존재했지만 격자형 구조에서는 ⓐ, ⓑ, ⓒ 경로 모두 길이가 14인 최단 경로다. 실제 뉴욕의 맨해튼의 도로망 구조는 가로 방향avenue과 세로 방향street으로 구성된 격자형 구조다. 그래서 택시 기하학의 최단 경로를 다른 말로 맨해튼 거리 Manhattan distance 라고 부른다.

택시 기하학에서 원은 어떤 모양일까? 가로 세로의 길이가 같은 모눈종이를 준비하자. 모눈종이 한 칸의 간격은 1이다. 모눈종이 중앙에 고정된 A로부터 최단 경로가 2인 점들을 모두 찍으면 다음과 같다.

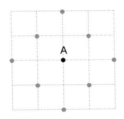

모눈종이 한 칸의 간격을 가로, 세로로 한 번 나누면 한 칸의 간격이 0.5인 모눈종이가 만들어진다. 고정된 점 A로부터 최단 경로가 2인 점들을 모두 찍으면 다음과 같다.

2장 타인의 불편한 시선으로부터 자유로워지기

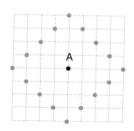

모눈종이의 간격을 셀 수 없이 많이 쪼갠 후 고정된 점 A로부터 최단 경로가 2인 점들을 모두 찍으면 네 변의 길이가 모두 같은 정사각형을 볼 수 있다. 이 정사각형이 바로 택시 기하학의 원 Circle이다.

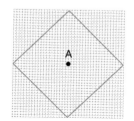

평면에서의 원은 동그라미이지만 택시 기하학에서의 원은 네모다. 동그라미와 네모, 모두가 원이 될 수 있다.

우리는 택시 기하학을 알지 못했기에 네모인 원이 무척 생소

삐뚤빼뚤해도 원이 될 수 있어_택시 기하학

하다. 동그랗지 못하고 이곳저곳 각진 모습이 못생겨 보이기까지 하다. 농장의 동물들이 미운 오리 새끼를 바라보는 시선도 이와 같다.

엄청나게 크고 못생긴 회색 오리가 알을 깨고 태어났다. 농장의 동물들은 미운 오리 새끼를 보고 모두 이렇게 말했다. "어쩌면 저렇게 못생길 수가 있지?", "너무 크고 이상하잖아." 농장 동물들은 단지 크고 못생겼다는 이유만으로 미운 오리 새끼를 괴롭힌다.

미운 오리 새끼는 사실 아리따운 백조의 새끼다. 농장에서만 자라온 동물들은 백조의 새끼를 한눈에 알아볼 수 없었을 것이다. 내가 보기에 생소하고 꺼림칙하단 이유만으로 타인을 미워해서는 안 된다. 동그라미와 네모가 모두 원이 될 수 있는 것처럼 미운 오리 새끼는 그저 '다른 모양의 원'이었을 뿐이다. 사회가 만들어놓은 기준과 다르더라도 우리는 잘못되거나 못난 것이 아니다. 그저 모양이 다른 원일 뿐이고 미운 오리이자 백조인 것이다.

내 직감은 사실과 다를 수 있다

몬티 홀 딜레마

몬티 홀 문제Monty Hall problem는 미국 NBC 방송의 퀴즈 프로그램 〈거래를 합시다Let's make a deal〉에서 유래된 문제이며 몬티 홀은 퀴즈 프로그램 진행자 이름이다. TV 출연자가 퀴즈에 우승하면 다음 방법에 따라 선택의 기회가 주어진다.

문 세 개가 있다. 한 개의 문 뒤에는 자동차가 있고 나머지 두 개의 문 뒤에는 염소가 있다.

몬티 홀은 자동차가 어디에 있는지 알고 있다. 우승자가 문을 하나 선택하면 몬티 홀은 우승자가 선택하지 않은 문 중에 염소가 있는 문을 반드시 열어서 보여준다.

몬티 홀이 우승자에게 묻는다. "처음 선택한 문을 그대로 선택하시겠습니까? 아니면 바꾸시겠습니까?"

당신이라면 어떻게 할 것인가? 대부분은 내가 선택한 상황을 바꾸지 않겠다고 말한다. 어차피 남은 문은 두 개뿐이니 선택을 바꾸거나 바꾸지 않거나 확률은 5:5로 동일할 것이니, 처음의 선택을 밀고나가는 것이다. 그런데 과연 그럴까? 결론부터 말하자면 확률은 동일하지 않다. 선택을 바꾸는 것이 자동차를 얻을 확률이 훨씬 높다. 그 이유가 무엇인지 살펴보자.

세 개의 문을 각각 1, 2, 3번 문이라고 하자. 자동차는 1번 문에 있다. 우승자가 선택을 바꾸지 않을 경우와 바꿀 경우를 나누어 살펴보자.

2장 타인의 불편한 시선으로부터 자유로워지기

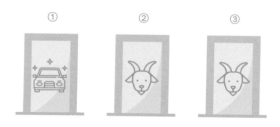

1. 우승자가 선택을 바꾸지 않을 경우

우승자는 자동차가 있는 1번 문을 선택했다. 몬티 홀은 2번 또는 3번 문의 염소를 보여준다. 우승자가 선택을 바꾸지 않으면 자동차를 **얻는다**. 반면 자동차가 없는 2번 문을 선택하면 몬티 홀은 반드시 3번 문의 염소를 보여준다. 우승자가 선택을 바꾸지 않으면 자동차를 **얻지 못한다**. 3번 문을 선택하면 몬티 홀은 반드시 2번 문의 염소를 보여준다. 우승자가 선택을 바꾸지 않으면 자동차를 **얻지 못한다**.

따라서 우승자가 선택을 바꾸지 않으면 자동차를 얻을 확률은 세 가지 경우 중 한 가지 1/3이다.

2. 우승자가 선택을 바꿀 경우

우승자는 자동차가 있는 1번 문을 선택했다. 몬티 홀은 2번 또는 3번 문의 염소를 보여준다. 우승자가 선택을 바꾸면 자동차를 **얻지 못한다**. 자동차가 없는 2번 문을 선택했을 경우 몬티 홀은 반드시 3번 문의 염소를 보여준다. 우승자가 선택을 바꾸면 자동차를 **얻는다**. 3번 문을 선택했을 경우도 마찬가지다. 몬티 홀은 반드시 2번 문의 염소를 보여준다. 우승자가 선택을 바꾸면 자동차를 **얻는다**.

따라서 우승자가 선택을 바꾸면 자동차를 얻을 확률은 세 가지 경우 중 두 가지 즉, 2/3의 확률이다. 선택을 바꾸지 않을 경우 당첨 확률은 33.3퍼센트이지만 선택을 바꿀 경우 당첨 확률은 무려 66.7퍼센트로 올라간다. 선택을 바꿨을 뿐인데 자동차를 얻을 확률이 두 배나 오른 셈이다. 이렇게 몬티 홀 문제는 우리의 직감이 틀릴 수도 있음을 보여준다.

학교에서 수학을 가르치다 보면 가끔씩 학생들이 무표정하게 칠판을 응시하는 모습을 발견한다. 그럴 때면 식은땀이 줄줄 흐르곤 한다. 직감적으로 학생들이 내 수업에 집중하지 못한다고 생각하기 때문이다.

그때마다 난 '내가 수업을 너무 어렵게 진행하나?' 혹은 '내 수업이 재미가 없나?' 하는 생각에 사로잡혀 겁이 났다. 그런데 한번은 수업 시간 내내 무표정한 채로 있던 학생이 내게 와서 말했다.

"선생님, 그동안 혼자서 고민했던 개념이 이제야 이해가 됐어요. 선생님 수업은 가끔씩 한 편의 뮤지컬 같아요. 좋은 수업 해주셔서 감사합니다."

그제야 난 사람이 집중하다 보면 자연스레 무표정을 짓는다는 사실을 깨달았다. 물론 눈만 칠판을 응시한 채 딴 생각에 빠져 있는 아이들도 많다는 사실은 알고 있다. 그래도 그 학생의 인사 이후에 난 학생들이 표정 없이 칠판만 응시해도 별로 긴장되지 않았다. 오히려 내 수업에 집중하고 있다고 믿으며 더 열정적으로 수업에 임할 수 있었다.

몬티 홀 문제에서 내 직감이 사실과 매우 달랐듯이 직감은 현재 일어난 상황을 완벽히 오해하도록 이끄는 경우가 종종 있다. 이렇듯 내 생각이 지나치면(과하면) 다른 사람의 생각을 지나친다(오해한다). 우린 상대방의 관점에서 이해하길 더욱 힘써야 한다. "어차피 생각대로 되지 않을 거야." "와! 생각지도 못한 일이 일어났어." 어떻게 읽히는가? 당혹스러운 소식이 찾아왔을까, 뜻밖의 기쁜 소식이 찾아왔을까?

당신의 세계를 이해할 수 있을까

구면기하학

우리가 알고 있는 도형의 모양은 대부분 평면 위에서 다룬다. 만약 구면 위라면 어떨까? 평면에서 두 점을 잇는 최단 거리는 직선이다. 이와 달리 지구와 같은 구면에서는 곡선이다.

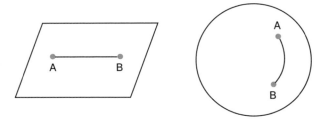

평면에서 두 점을 잇는 선분은 하나만 존재하지만 두 점이 구면 위에 있다면 두 점을 잇는 선분은 무수히 많이 존재한다.

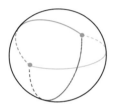

두 점을 잇는 선분이 유일하지는 않다.

동요 〈앞으로〉에는 "지구는 둥그니까 자꾸자꾸 걸어 나가면 온 세상 어린이를 다 만나고 오겠네"라는 노랫말이 있다. 평면에서 직선은 무한히 곧게 뻗어나가지만 구면에서는 노랫말처럼 유한한 원이다.

구면에서 직선을 측지선 geodesic line이라고 말한다. 측지선이란 직선처럼 인식하는 곡선을 말한다. 쉽게 말해 형체가 작은 개미에게 지구의 측지선은 무한한 직선처럼 보이겠지만 우주선을 타고 멀리서 바라보면 길이가 유한한 원임을 알 수 있다.

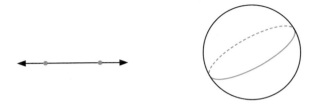

평면에서 직선은 길이가 무한하다.   구면에서 직선은 길이가 유한한 원이다.

평면에서 삼각형의 세 내각의 합은 180도다. 하지만 구면 위의 삼각형의 세 내각의 합은 180도보다 크다.

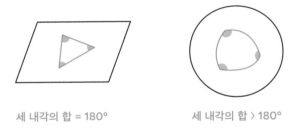

세 내각의 합 = 180°   세 내각의 합 > 180°

구면 기하학에서 일어나는 일들은 무척 당황스럽다. "두 점을 잇는 선분은 무한히 존재한다", "직선은 원이다", "삼각형의 내각의 합은 180° 보다 크다" 하지만 구면에선 너무나도 당연한 일이다. 단지 기준이 바뀌었을 뿐이다.

2장 타인의 불편한 시선으로부터 자유로워지기

기준이 달라지면 도형의 모양이 달라지듯이 장애도 그렇다.

장애란 무엇인가. 국립국어원 표준국어대사전에 따르면 장애란 "신체 기관이 본래의 제 기능을 하지 못하거나 정신 능력이 원활하지 못한 상태"를 가리킨다. 반면 사회학에서는 장애를 "권력을 가진 다수가 힘없는 소수를 규정하는 것"이라 정의한다. 이는 다수에 따라 소수가 얼마든지 달라질 수 있음을 의미한다.

의학에서 장애인은 몸이 불편한 사람일 뿐이지만 사회학에서는 다수가 규정해버린 기준일 뿐이다. 만약 우리 대부분이 몸과 정신이 불편한 사람이라면 사회는 그 다수에 맞는 시스템이 구축될 것이다. 상상컨대 이런 사회라면 의학에서 정의한 '몸이 건강한 사람'이 오히려 불편한 사람이 되었을지도 모르는 일이다. 장애인들은 의학적으로 불편한 사람은 맞지만, 다수가 합의한 사회 시스템으로 장애가 된 것이며 비장애인과 다른 세계를 가졌을 뿐이다.

장애인의 세계를 이해하려면 이 사실을 기억해야 한다. 우리가 규정한 장애가 사실 진실된 의미의 장애가 아닐 수도 있다는 것을. 당연하다고 생각했던 일이 정답이 아닐 수도 있다는 것을.

비록 내 생각과 다를지라도

수학자 히파소스 이야기

난 탐정 레이븐의 조수 왓슨. 얼마 전 그리스 해안가에서 형체를 알아볼 수 없는 시체를 발견했다는 소식을 레이븐에게서 들었다. 타살인지 자살인지 확실치 않지만, 진실을 알아낼 유력한 단서는 사망자가 입고 있던 옷에서 발견된 배지다. 그것은 피타고라스학파 회원만 가질 수 있다. 수상함을 느낀 난 학파 회원으로 위장하고 잠입 수사를 진행했는데 그곳에서 이상한 그림을 발견했다. 물음표의 의미는 도대체 무엇인가?

단서를 파악하기 위해 하나씩 추리해보자. 우선 사건과 관련된 피타고라스학파는 어떤 단체인가. 피타고라스는 학교를 설립

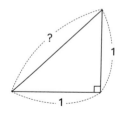

해 수론, 음악, 기하학, 천문학을 가르쳤다. 특히 자연수만을 다룬 수론을 가장 중요하게 여겼다. 그들은 만물의 근본은 자연수라고 생각했으며 자연수에 특별한 이름을 부여했다. 1은 수의 근원, 2는 여성의 수, 3은 남성의 수, 4는 정의의 수, 5는 남성 수와 여성 수의 합이므로 결혼의 수, 6은 창조의 수다.

단서에 주어진 삼각형을 살펴보니 직각삼각형임을 알 수 있다. 피타고라스학파는 직각삼각형과 관련된 성질을 발견했다. 직각삼각형의 세 변 a, b, c 가 주어졌을 때 c 를 빗변으로 하면 $a^2+b^2=c^2$ 이다. 땅에 있든 하늘에 있든 세상에 존재하는 모든 직각삼각형은 이 정리를 만족한다.

그들은 이 정리를 만족하는 자연수 a, b, c 를 피타고라스의 수Pythagorean triple라 불렀다. 피타고라스의 수는 $3^2+4^2=5^2$, $6^2+8^2=10^2$, $5^2+12^2=13^2$ 등등 무수히 많다. 이 세상의 모든 현상

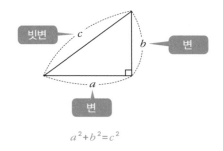

$$a^2+b^2=c^2$$

을 자연수로 표현할 수 있다는 사실은 그들에게 있어서 절대 변하지 않는 진리였다.

그런데 얼마 전 그리스 시내엔 흥미로운 소문이 퍼졌다. 누군가 자연수가 아닌 새로운 숫자를 발견했다는 것이다. 실로 엄청난 일이다. 피타고라스학파가 오랫동안 쌓아온 '모든 만물은 자연수'라는 주장이 한순간에 무너질 위기였다. 학파 측은 사실무근이라고 답했으며 거짓 소문을 퍼트리는 사람 모두 그리스 법정에 고발하기로 선언했다.

내 추리대로면 살인 사건의 실마리는 단서에 있는 새로운 숫자에 있다. 직각삼각형의 빗변을 제외한 두 변의 길이가 각각 1일 때 이 빗변의 길이는 얼마일까? 제곱해서 2로 딱 떨어지는 숫자를 찾아야 한다.

2장 타인의 불편한 시선으로부터 자유로워지기

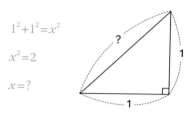

$$1^2+1^2=x^2$$
$$x^2=2$$
$$x=?$$

바로 그때 레이븐이 탐정 사무소 문을 열며 헐레벌떡 소리쳤다. "이보게 왓슨! 얼마 전 실종된 히파소스Hippasus란 수학자. 자네도 알지 않던가? 실종된 시기와 시체가 발견된 시기가 비슷해서 그자의 방안을 수색했는데 이런 글을 발견했다네!"

1부터 시작해 하나씩 더하여 얻는 수를 자연수, 서로 다른 두 자연수의 크기를 비교하는 것을 비(ratio)라고 말하지. 예를 들어 2에 대한 1의 비는 1:2이고 분수로 나타내면 1/2 소수로 나타내면 0.5야. 얼마 전 난 어떤 두 자연수의 비로 나타낼 수 없는 숫자가 존재한다는 사실을 알아내고야 말았어. 이 숫자는 1.414213……. 불규칙한 숫자가 끝없이 이어지는 숫자로 1보다는 크고 2보다는 작은 어딘가에 존재해. 제곱해서 2가 되는 숫자 바로 $\sqrt{2}$야. 난 이 사실을 학파 회원들에게 알렸지만 다들 날 보며 미쳤다고 말했어. "네 발견이 틀린 것이야! 모든 만물은 자연수로 있다는 신념을 저버릴 텐가?"라고 말이지. 하지만 난 발견이 틀렸다고 말하지 않을 걸세. 설령 내 목숨이 위험하다 할지라도.

"저 레이븐 탐정님?"
"자네 생각도 나랑 똑같겠지?"
"네! 아무래도 이 사건은……."
"살인 사건이야. 자신의 주장과 다르다고 사람을 죽였어."

사건의 진실은 이렇다. 충격에 빠진 피타고라스학파는 그들의 신념을 지키기 위해 히파소스를 죽이려는 무시무시한 계획을 세웠다. 피타고라스학파가 히파소스를 죽였는지는 확실하지 않지만 결국 히파소스는 지중해 바다 깊은 곳으로 가라앉았다(어떤 이들은 피타고라스학파가 그를 암살했다고도 하고, 또 어떤 이들은 바다에서 난파를 당해 죽었다고도 한다). 그의 발견이 없었다면 어떻게 되었을까. 우리는 끝없이 이어지는 수의 세계가 존재한다는 사실을 전혀 몰랐을 것이다.

（$\sqrt{2}$와 같은 무리수는 영어로 irrational number, 분수로 나타낼 수

없는 숫자란 의미다. 예를 들어 원주율의 $\pi=3.141592\cdots\cdots$, 자연상수 $e=2.71828\cdots\cdots$처럼 소수점 이하로 불규칙한 숫자가 끝없이 이어지는 숫자다. 이와 달리 유리수는 영어로 rational number 분수로 나타낼 수 있는 숫자란 의미다.)

피타고라스학파처럼 내 믿음에 반하는 진실을 마주할 때가 종종 있다. 그때 난 마음에 벽을 쌓으며 살았다. '아니야. 그럴 리가 없어. 내가 생각했던 것이 맞아!'라고 생각하며 인지편향을 강화시켰다. 또한 나와 생각이 다르다는 이유로 의견을 듣지 않고 침묵했던 적도 있다. 나도 모르게 그 사람의 인격을 죽였다. 나도 피타고라스학파와 다를 바 없었다. 비록 내 생각과 다를지라도 다름을 인정할 줄 알아야 한다. 설령 내가 이해할 수 없는 일일지라도. 그래야 비로소 사람을 이해할 수 있다.

왜 나만 빼고 모두가 행복해 보이는 걸까?

표본의 편향

타인의 SNS를 보다 보면 '왜 나만 빼고 모두가 행복한 걸까?'라는 생각이 들 때가 있다. 누군가는 화려한 무대의 주인공처럼 사는데 난 그저 바라보는 관객인 기분이다. 당연히 그럴 수밖에 없다. 'SNS에는 특별한 순간과 행복한 일상'만을 주로 올리니까.

SNS는 힘들었던 기억과 평범하다고 생각되는 일들은 감춰두고 내가 보여주고 싶은 것만 올리는 과시용 공간이다. SNS 친구의 팔로워 숫자만 봐도 상대적 박탈감이 들 때가 있다. 왜 내 팔로워 수보다 내 친구의 팔로워 수가 더 많아 보일까? 이유를 한 문장으로 설명하자면 '팔로워가 많은 친구가 내 계정을 팔로잉했기 때문'이다. 이 간단한 사실을 수학적으로 증명할 수 있다.

다음 그림은 A, B, C, D 네 사람의 친구 관계를 점과 선으로 나타낸 그래프다. 문자 옆의 주황색 숫자는 꼭짓점에 연결된 변의 숫자로 팔로워 수다. A는 팔로워 수가 3명, B는 2명, C는 3명 D는 2명이다.

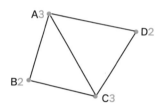

B를 '나'라고 가정하자. 내 팔로워는 2명이다. 그렇다면 내 친구의 팔로워는 어떻게 될까? 나의 친구인 C와 A의 팔로워는 모두 3명이다. 내 팔로워보다 내 친구의 팔로워가 1명 더 많다. 그런데 여기서 이런 의문이 들 수 있다. 애초에 내가 B가 아니라 A였다면? 모든 경우에 내 친구의 팔로워가 내 팔로워보다 더 많다고 할 수 있을까?

X를 임의로 뽑은 나의 팔로워 두자. '나'는 A, B, C, D 모두가 될 수 있으며 확률은 1/4로 같다. X값은 3, 2, 3, 2 모두 될 수 있다.

X를 대표하는 값인 기댓값expection[•]을 구하면 5/2다.

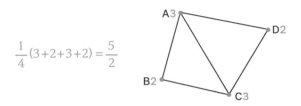

$$\frac{1}{4}(3+2+3+2)=\frac{5}{2}$$

임의로 뽑은 내 친구들의 팔로워를 Y라고 하자. 여기서도 A, B, C, D 모두 내가 될 수 있으므로 모든 경우를 고려해야 한다. 나를 A라고 가정하면 내 친구들은 B, C, D다. B의 팔로워는 2명, C는 3명, D는 2명이므로 내 친구들의 팔로워 평균은 (2+3+2)/3 = 7/3명이다. 나를 C로 해도 이와 같다.

• 일반적으로 기댓값은 우리가 흔히 쓰는 평균(arithmetic mean)과 같은 값을 가지지만 서로 다른 개념이다. 평균은 모든 데이터 값을 더한 후 데이터의 개수로 나눈 것이라면 기댓값은 각각의 값이 일어날 확률들을 가지고 있을 때 어떤 사건이 일어날 것에 대해 기대되는 값을 의미한다. 기댓값의 예시로 돈이 든 뽑기 상자에 1,000원 3장, 5,000원 2장, 10,000원 1장이 들어 있는데 한 장만 뽑아 가져간다고 했을 때 우린 얼마를 기대하게(기댓값) 되는가? 각각의 돈이 뽑힐 확률을 구하면 3/6, 2/6, 1/6이다. 이때 각각의 돈에 해당하는 확률을 곱한 뒤 모두 더하면 대략 3,834원(기댓값)이 나오며 한 번 돈을 뽑을 때 3,834원을 기대해도 된다는 말과 같다. 상자 속에 든 돈의 평균을 구하면 기댓값과 똑같은 3,834원이 나오지만 사용되는 성격과 정의가 다르다는 것에 유의하자.

$$\frac{2+3+2}{3} = \frac{7}{3}$$

나를 B라고 가정하면 내 친구들은 A와 C다. A와 C의 팔로워는 각각 3명이므로 이때 내 친구들의 팔로워 평균을 구하면 (3+3)/2=3이다. 나를 D로 해도 이와 같다.

$$\frac{2+3+2}{3} = 3$$

임의로 뽑은 내 친구들의 팔로워 평균을 괄호 숫자로 표시했다. A의 친구들의 팔로워 평균은 7/3, B의 경우 3. C는 7/3, D는 3이다.

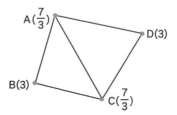

Y값은 7/3, 3, 7/3, 3 모두 될 수 있으므로 Y를 대표하는 값인 기댓값을 구하면 8/3이다.

$$\frac{1}{4}(\frac{7}{3}+3+\frac{7}{3}+3)=\frac{8}{3}$$

X(임의로 뽑은 나의 팔로워 수)의 기댓값은 5/2, Y(임의로 뽑은 내 친구들의 팔로워 수)의 기댓값은 8/3이다. 각각 통분해서 비교하면 Y의 기댓값이 X의 기댓값보다 더 크다는 사실을 알 수 있다. 내 팔로워보다 내 친구들의 팔로워가 더 많을 수밖에 없다는 사실을 수학적으로 증명했다.

$$\frac{2}{5} < \frac{8}{3}$$

k_1: 0	k_2: 1	k_3: 3	k_4: 6

k_5: 10	k_6: 15	k_7: 21	k_8: 28

2장 타인의 불편한 시선으로부터 자유로워지기

도대체 왜 이런 결과가 나오는 걸까? 이는 표본의 편향bias 때문이다. 편향을 살펴보기 이전에 만약 우리가 사는 세계가 왼쪽의 표와 같은 완전 연결 그래프fully connected graph라면 어떨까? 온 세상 사람들 모두가 서로를 알고 있다는 것이다. 이런 경우면 모든 사람의 친구 수는 같으니 편향이 생길 수 없다.

하지만 우리가 사는 세계는 다음 그림처럼 모두 친구 수가 다르다. 이 그림을 소셜 네트워크 그래프social network graph라고 한다.

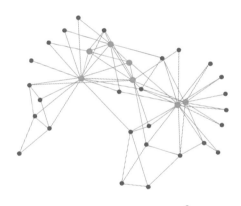

재커리의 가라테 클럽 그래프*

• W. Zachary, An information flow model for conflict and fission in small groups, Journal of Anthropological Research, 1977

일반적인 소셜 네트워크 그래프는 상대적으로 팔로워가 많은 주황색 점보다 팔로워가 적은 회색 점이 훨씬 많다. 임의로 뽑은 내 팔로워의 기댓값을 구해보자. 회색이 훨씬 많으므로 내 팔로워의 기댓값은 작을 수밖에 없다. 그러나 임의로 뽑은 내 친구들의 모임에서 뽑은 팔로워는 팔로워가 많은 사람이 반드시 있을 수밖에 없기에 편향이 생길 수밖에 없다.

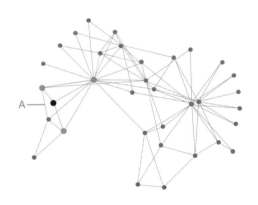

편향이 발생하는 이유를 더욱 쉽게 이해하기 위해 다음 과정을 따라해보자. 만약 내가 A라면 내 팔로워는 3명이다. 이때 내 친구의 팔로워(주황색 점)는 각각 3명, 4명, 16명이다. 대부분 어떤 점을 택하든 팔로워 수가 많은 친구를 포함할 가능성이 클 수

2장 타인의 불편한 시선으로부터 자유로워지기

밖에 없다. 그러므로 '내 팔로워'의 기댓값보다 '내 친구들의 팔로 워'의 기댓값이 더 클 수밖에 없다. 이를 친구 관계의 역설Friendship paradox이라 말한다.

우린 편향으로 인해 세상을 오해하지 않도록 조심해야 한다. 내가 원하는 정보만 믿고 편향된 생각을 하는 건 아니었을지 말이다.

때론 우리는 SNS를 통해 편향적인 정보만 수용해 세상을 더욱 오해한다. tvN 프로그램 〈알아두면 쓸데없는 지구별 잡학사전〉의 패널인 유현준 교수의 말을 빌리자면 "요즘 20대는 공간을 빌려 쓰는 경우가 많아 SNS에 나만의 공간을 꾸미는데, 내가 찍은 사진이 바로 내 공간을 꾸미는 디지털·벽돌"이라고 표현했다. 이처럼 SNS 공간을 내 취향대로 꾸밀 수 있는 만큼 나를 드러내는 중요한 수단이 되었을지는 몰라도 말로 표현하기 복잡한 삶이 그저 2차원, 단 한 장의 사진으로 표현된다는 사실이 슬프다. 삶은 간단해질수록 비교가 더욱 쉬워지기에.

어렸을 적에는 성적이란 숫자로 비교당했고, 20대 초반에는 어느 대학을 다니는지에 따라 평가되고, 취업하면 직장이 대기업인지 중소기업인지, 정규직인지 비정규직인지 끊임없이 단편적이고 수치화된 사실로 비교당한다. 하물며 이젠 영원히 간직하고 싶은 소중한 순간조차 누구네 삶보다 더 특별해야 한다는 이유로 소위 더 많은 좋아요와 하트를 받기 위해 삶의 겉만 더욱 번지르르하게 꾸민 채 SNS에 죽은 채로 박제되어 단순한 구경거리가 되고 있다. SNS를 그만두면 되지 않냐고 되물을 수 있지만 SNS를 하지 않는 20대를 찾기 힘든 세상이다. 2023년 정보통신정책연구원의 보고서에 따르면 20대는 무려 89.7퍼센트가 SNS를 사용하고 있다고 한다. SNS로 소통이 편해졌을지는 몰라도 우리 삶이 그저 휴대폰 화면 속으로만 비치는 현실이다.

타인의 SNS에 드러난 단편적인 삶을 보고 소중한 나 자신을 너무 깎아내리지 않기를. SNS에 보이는 삶이 전부가 아니기에. 누군가의 화려한 삶을 동경하기보다 현재 자신의 삶에 더욱 충실했으면 하는 바람이다. 그러니 오늘 하루는 평범해도 괜찮다.

젊은이들이 바라는 어른의 모습

쌓기나무

    초등학교 6학년 아이들은 '쌓기나무'란 개념을 수학 시간에 배운다. 쌓기나무란 정육면체 모양의 나무 조각들을 쌓아서 여러 가지 모양의 도형을 만드는 것이다. 쌓기나무는 보는 방향에 따라 보이는 나무 조각의 개수가 달라진다. 다음 페이지 그림의 쌓기나무는 위와 옆에서 봤을 때는 모양이 서로 같지만, 앞에서 보면 다르다.

    주어진 공간에 있는 물체의 위치를 표현하는 데 필요한 숫자의 개수를 차원이라 한다. 지구의 표면은 위도와 경도로 나타낼 수 있으므로 2차원이다. 이와 달리 쌓기나무는 3차원이다. 세 가지 방향으로 봐야 쌓기나무의 진짜 모습을 알 수 있으니까.

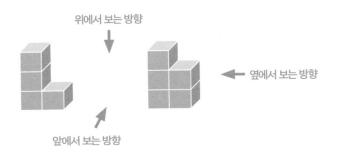

위에서 보는 방향

옆에서 보는 방향

앞에서 보는 방향

두 명의 초등학생이 수업시간에 나무 조각 열 개로 쌓기나무를 한다. 한 아이는 나무 열 개를 위로 쌓아 올렸다. 또 다른 아이는 가로로 나란히 놓았다.

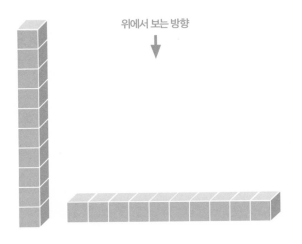

위에서 보는 방향

두 쌓기나무를 위에서 바라 보자. 위로 쌓아 올린 쌓기나무는 한 개로 보이고 가로로 나란히 놓은 쌓기나무는 열 개로 보인다. 만약 위에서만 쌓기나무를 바라본다면 위로 열 개를 쌓든 백 개를 쌓든 백만 개를 쌓든 한 개로 보일 것이다.

쌓기나무 문제를 풀려면 여러 방향에서 살펴야 답을 찾을 수 있는 것처럼, 20대가 추구하는 가치도 마찬가지다. 한 방향이 아니라 여러 방향에서 살펴보아야 그들의 진심을 알아볼 수 있고, 또 응원할 수 있다. 그러나 간혹 20대의 가치를 위에서만 내려다보는 기성세대가 있다. 이들은 쌓기나무를 가로로만 늘어놓은 청년에게 꿈이 크다고 칭찬하고, 세로로 쌓아놓은 청년에겐 꿈이 작다 타박할 것이다. 자신이 편협된 시각을 가지고 있다고는 생각하지 못한 채 그저 자신이 20대 때 걸어왔던 관행과 관습이 옳다고만 생각하고 20대의 새로운 가치를 함부로 판단한다. 자기 기준이나 경험에 맞지 않으면 신랄하게 비판하면서 자신이 저지른 잘못이나 불편한 일들에 대해서는 너무나도 관대해지는 꼰대의 아이러니함이다.

> "나 때는 말이야, 출근 시간 30분 전에 출근해서 사무실 청소
> 부터 다 해놓을 정도로 성실하게 일했어."
> "요즘 애들은 도전 정신이 없어. 안정이나 찾겠다고 공무원 시
> 험이나 준비하고 말이야."
> "회사에 애사심이 없어. 자기 마음에 안 들면 그냥 퇴사해버리
> 기나 하고……."
> "열심히 일해서 돈을 벌고 저축할 생각을 해야지, 투자다 뭐
> 다 해가며 일확천금이나 바라고 흥청망청 써대기만 하면 어떡
> 해?"

　20대가 바라는 어른들의 진짜 모습은 무엇인가. 보얀 슬랫
Boyan Slat이란 사람이 있었다. 그는 크로아티아에서 네덜란드로 온
이민자 가정에서 태어났다. 그는 청소부가 되고 싶었다. 위에서
만 내려다보는 어른들이 그를 본다면 마치 쌓기나무 한 개처럼 작
아 보일 수 있다(보통 삶의 목표는 좋은 직장과 대학이 기준이 되기 때
문이다). 하지만 보얀 슬랫의 부모는 달랐다. 이민자 가정의 부모

라면 대부분 자녀의 사회적 성공을 바라고 이를 위해 헌신하지만, 그의 부모는 전적으로 그를 지지해주었다. 그렇게 보얀 슬랫은 21세의 나이에 전 세계 바다 위를 떠다니는 플라스틱 쓰레기를 청소하는 회사 '오션 클린업Ocean Clean Up'의 CEO가 되었으며, 2014년에는 UN에서 수여하는 환경 분야 최고 권위의 상인 지구환경대상의 최연소 수상자가 되었다.

20대는 저마다의 빛나는 가치를 꿈꾸며 살아간다. 그것이 무엇이 되었든 20대 청년들이 바라는 것은 위에서만 내려다보며 훈계하는 꼰대가 아닌 나무 조각을 함께 쌓아줄 수 있는 '진정한 어른'일 것이다.

사랑이 할 수 있는 일이 아직 있을까?

조건문

    수학에는 조건문이란 문장이 있다. 조건문은 '만약 p이면 q이다'라는 문장을 말한다. 조건문에는 p라는 가정과 q라는 결론이 들어 있다. 수식으로는 조건부 논리 연산자 $\rightarrow$를 붙여서 '$p \rightarrow q$'로 나타낸다. 조건문의 논리가 무엇인지 살펴보자. 조건문은 주어진 조건에 따라 참일 수도 있고, 거짓일 수도 있다. 다음 조건문을 살펴보자.

    수요일에 비가 내리면 우산을 써야지.

주어진 조건문의 p라는 가정은 '수요일에 비가 내리면'이고 q 라는 결론은 '우산을 써야지'이다. 위 조건문을 참이라 가정하자. 그런데 수요일에 비가 내리지 않으면 어떻게 해야 할까. 당연히 우산을 안 써도 된다고 생각하겠지만 과연 그럴까? 조건문에서는 수요일에 비가 내릴 때 행동지침만을 말했다. 수요일에 비가 내리지 않을 때의 지침은 어디에도 없다. 조건문에서는 주어진 가정이 '거짓'이면 가정에 대한 결론은 무엇이 나와도 '참'이다. 즉 수요일에 비가 내리지 않으면 우산을 써도 참이고 쓰지 않아도 참이다.

조건문이 거짓인 경우는 수요일에 비가 내렸는데 우산을 쓰지 않는 경우밖에 없다. 즉 가정이 참이고 결론이 거짓인 경우에만 거짓이다. "수요일에 비가 내리면 우산을 써야지"라는 조건문이 참이라면 다음 표처럼 정리할 수 있다.

p (가정)	q (결론)	$p \rightarrow q$
수요일에 비가 내리면(참)	우산을 쓸 것이다.(참)	참
수요일에 비가 내리면(참)	우산을 쓰지 않을 것이다.(거짓)	거짓
수요일에 비가 내리지 않으면(거짓)	우산을 쓸 것이다.(참)	참
수요일에 비가 내리지 않으면(거짓)	우산을 쓰지 않을 것이다.(거짓)	참

다음 주어진 조건문을 살펴보자. 사랑하면 진심을 알 수 있다. 이 조건문을 참이라 가정해보자.

p (가정)	q (결론)	p → q
사랑하면(참)	진심을 알 수 있다.(참)	참
사랑하면(참)	진심을 알 수 없다.(거짓)	거짓
사랑하지 않으면(거짓)	진심을 알 수 있다.(참)	참
사랑하지 않으면(거짓)	진심을 알 수 없다.(거짓)	참

위 표처럼 조건문이 거짓인 경우는 오직 한 가지다. "사랑하면 진심을 알 수 없다." 이 외에는 어떤 결론이 나와도 참인 것이다.

사랑하면 진심을 알 수 있다. 과연 믿어야 할까. 이 조건문의 반례가 존재하지 않을까?

진물과 피가 뒤섞인 방안, 표현하기조차 버거운 냄새는 코를 찌르는 거로 모자라 머리까지 뒤흔든다. 이곳은 한센병 환자들을 수용한 14호실. 환자들의 병세가 얼마나 심했는지 전문 의료인조차 들어갈 수 없어 한센병 환자들이 그들을 간호한다. 그런데 이 방 안에 들어가려는 한 사람이 있다. 한센병 환자들은 화들짝 놀

          2장 타인의 불편한 시선으로부터 자유로워지기

라 그의 앞을 가로막았다. "아이고 이 사람아 이곳만큼은 절대 들어올 수 없다니까 그러네. 우리조차 버겁고 꺼리는 곳이여. 정말로 전염될 수 있다니까." 그는 그렁그렁한 눈으로 대답했다. "차라리 전염되고 싶습니다. 그러면 그들 곁에서 계속 간호하고 기도해 줄 수 있잖아요."

그는 병동의 문을 열고 성큼성큼 걸어갔다. 한센병 환자들은 급히 손수건을 꺼내 입과 코를 틀어막았지만 정작 그는 아무렇지 않다. 그가 온몸에 붕대를 감고 있는 한센병 환자에게 다가갔다. 그 환자의 몸 주위에는 고름과 피가 정신없이 뒤엉켜 있다. 그는 환자의 붕대를 풀고 문드러진 살에 고인 피와 고름을 입으로 직접 빨고 뱉었다. 두 눈으로 보기 힘든 광경이었다. "저 사람 좀 봐 세상에……." 붕대를 감고 있던 환자는 눈물을 흘리며 들썩거린다. 자신을 희생하면서까지 사랑을 몸소 실천한 사람. 그의 이름은 손양원 목사다.

해방 후, 나라는 나사 빠진 의자처럼 불안정했다. 전국 곳곳에서 남한만의 선거로 단독정부를 세우자는 우익 세력과 통일 정부를 만들어야 한다는 좌익 세력이 충돌했다. 싸움은 걷잡을 수 없이 커졌다. 1948년 10월엔 순천에서 여순사건이 터졌다. 좌익 무리는 경찰서를 점거했고 그곳의 동네 주민들을 미국의 스파이라 말하며 총을 갈겼다. 손양원의 두 아들인 동인과 동신도 좌익 학생 한 명의 손에 넘겨졌다. "친미 사상에 빠진 미친놈들은 총살감이다!" 방아쇠가 당겨졌다. "타당-탕." 두 형제는 또래의 손에 죽었다. 동인의 나이 23세, 동신의 나이는 18세였다. 동인, 동신의 시신은 나흘이 지나서야 손양원에게 넘겨졌다. 그의 아내 정 여사는 수레에 실려 온 아들들의 시체를 보자마자 주저앉았다. 며칠 전까지만 해도 부모 앞에서 노래를 부르던 아들들이었다. 정 여사는 동인과 동신의 차가운 손을 부여잡았다. 눈이 뒤집힌 채로 오열했다. 그는 죽은 아들의 수레를 바라보며 우두커니 서 있었다.

아들의 시신이 담긴 두 대의 꽃상여가 무덤으로 향하는 날에 손양원은 사람들에게 말했다. "저는 사랑하는 두 아들을 총살한 안재선을 내 양아들로 삼고자 합니다. 그런 사랑의 마음을 하나님이 제게 주시니 너무 감사할 따름입니다." 그 말을 듣고 사람들이 웅성댔다. "아니? 손양원 자네 미쳤어? 어찌 아들을 죽인 원수를 용서할 수 있는가? 아직 애들 장례도 치르지도 않았단 말일세!" 모두가 그를 손가락질했다. "위선자, 가식덩어리이자 아들을 팔아서 명예를 얻으려는 미친놈! 저놈 분명히 귀신이 쓰인 게 분명해!", "쯧쯧, 죽은 아들이 억울해서 눈이나 감을 수 있을까." 그러나 그의 생각은 변함이 없었다.

얼마 뒤, 그는 안재선을 만났다. 안재선은 길바닥에 무릎을 꿇고 이마를 땅에 박은 채 고개를 들지 못하고 있었다. "네가 재선이냐?" 그는 맞은 상처가 아물지 않은 재선이 손을 뚫어지게 보다가 가만히 손을 잡았다. "얼마나 무섭고 아팠을까. 이젠 다 괜찮다. 나는 너를 다 용서했다." 재선은 잔뜩 겁에 질린 채 그의 얼굴을 올려다보았다. 이내 재선의 어깨는 흐느낌으로 떨려왔다. 손양원의 진심 어린 눈빛 앞에서 비로소 두려움이 아닌 참회의 눈물을 흘렸다.

"사랑하면 진심을 알 수 있다." 이 조건문의 반례를 찾을 때 번번이 실패했던 이유는 손양원이란 사람이 있었기 때문이다. 그는 사랑의 원자탄이라 불렸다. 참 역설적인 단어다. 원자탄은 사람을 죽이는 무기다. 원자폭탄이 터지면 반경 500미터 내의 존재하는 모든 것이 증발한다. 폭발 후 생기는 후폭풍은 철근 콘크리트 건물을 가볍게 날릴 정도다. 원자탄, 이 무시무시한 단어에 사랑이란 말이 들러붙었다.

Math

더 나은 삶을 택하며
나아가는 방법

Math & Comfort

수식이 자취를 남기듯이

좌표평면

"천장에 붙어 있는 파리의 위치를 정확하게 나타낼 방법이 없을까?" 17세기 수학자 르네 데카르트는 천장에 붙어 있는 파리를 보고 생각에 잠겼다. "점의 위치를 나타내려면 명확한 기준이 필요해." 그는 종이 위에 가로줄과 세로줄을 그렸고 줄 밑에는 숫자를 적었다. "이제 점의 위치를 정확히 알 수 있겠어."

다음의 주어진 그림과 같이 가로줄과 세로줄이 점 O에서 서로 수직으로 만날 때 가로줄을 x축, 세로줄을 y축이라 한다. x축과 y축을 통틀어 좌표축이라고 말하며 두 좌표축으로 이루어진 평면을 좌표평면이라 한다. 여기서 좌표란 좌표평면에서 점의 위치를

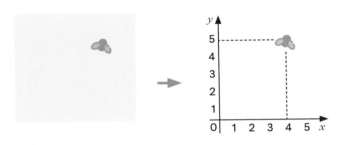

파리의 좌표 (4, 5)

나타낼 수 있는 숫자와 기호를 말한다. 파리의 좌표는 (4, 5)이며 숫자 4는 파리의 x좌표, 5는 파리의 y좌표다.

이처럼 좌표평면은 르네 데카르트에 의해 탄생되었다. 좌표는 우리에게 친숙하지만 하나의 점을 두 개의 숫자로 표현하는 것은 데카르트가 살던 17세기 당시에는 엄청난 혁신이었다. 점(크기가 없는 도형)을 좌표로 표현했듯이 도형을 수치화할 수 있게 되었으니까. 이로 인해 눈금 없는 자와 컴퍼스만을 가지고 수많은 보조선을 그려가며 계산해야 했던 일을 아주 간단히 계산할 수 있게 되었다. 아래의 상황을 보자.

르네 왕국에 희귀한 보물을 훔쳐가는 괴도 루팽의 소문이 떠

3장 더 나은 삶을 택하며 나아가는 방법

들썩하다. 그가 저지른 범행의 횟수도 벌써 세 번째다. 그는 범행을 저지른 후에 항상 특이한 표적을 남겼는데 마치 다음 범행 장소를 알리는 듯했다. 이번 범행 장소엔 간단한 글이 적힌 쪽지가 있었다.

"삼각형의 무게중심."

루팽이 여태까지 범행을 저질렀던 세 장소를 모두 선으로 이으니 하나의 삼각형이 만들어졌다. 이제 무게중심만 알아내면 다음 범행이 어디인지 알 수 있다. 경찰은 코기토와 데카르트에게 무게중심을 찾아줄 것을 의뢰했다.

눈금 없는 자와 컴퍼스만을 이용해 도형을 그리는 방법을 작도라고 말한다. 코기토는 삼각형의 무게중심을 작도로 구했다. 그러나 그의 방법은 다음 그림처럼 매우 복잡했으며 무게중심의 숫자를 알 수 없기에 장소를 추측하기도 힘들었다. 도대체 어디쯤일까? 먼저 눈금 없는 자와 컴퍼스 만으로 삼각형의 무게중심을 구하는 방법을 알아보자.

① 컴퍼스의 바늘을 A에 두고 컴퍼스의 길이를 적당히 벌린 다음 원을 그린다. ② 컴퍼스의 길이를 그대로 유지한 채 B도 마찬가지 방법으로 원을 그린다. 그러면 두 원이 만나는 교점이 2개

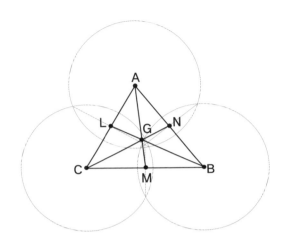

가 생긴다. ③ 교점을 눈금 없는 자로 연결해서 선을 그린다. 선분 AB를 지나는 중점 N을 구할 수 있다. ④ 길이를 유지한 채 컴퍼스 바늘을 C에 두고 원을 그리자. ⑤ 또 다른 수직이등분선 두 개를 구할 수 있으며 중점 M과 L을 구한다. ⑥ 각 선분의 중점을 마주 보는 삼각형의 꼭짓점에 연결한다. M은 A로 N은 C로 L은 B로 간다. ⑦ 그리고 선분 AM, 선분 BL, 선분 CN의 교점이 G다. ⑧ 점 G가 삼각형 ABC의 무게중심이다.

이와 달리 수학자 데카르트는 좌표평면을 이용해 간단히 계산했다. 매우 복잡한 작도와 달리 범행 장소의 좌표만 알면 삼각형

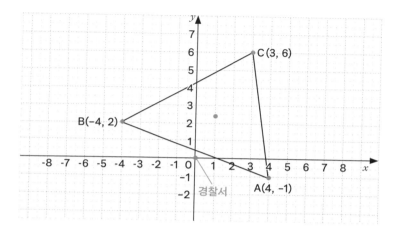

의 무게중심을 아주 간단히 구할 수 있다. 그는 좌표평면의 원점을 경찰서로 두고 x축의 방향을 서쪽 y축의 방향을 북쪽으로 두었다. 루팽이 저지른 범행 장소의 좌표를 구하면 A(4, -1) B(-4, 2), C(3, 6)이다.

x끼리 더하고 3으로 나누고 y끼리 더한 뒤 3으로 나누면 삼각형의 무게중심 좌표 G를 알 수 있다.

$$G\left(\frac{4+(-4)+3}{3}, \frac{(-1)+2+6}{3}\right) = G\left(1, \frac{7}{3}\right)$$

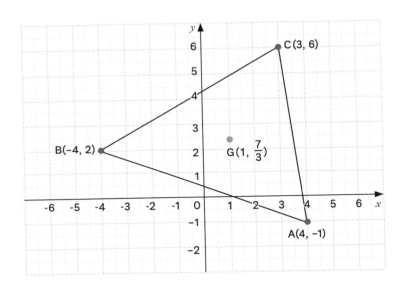

루팽이 언제 범행을 저지를지 알 수 없어도 좌표평면의 주황색 점이 다음 범행 장소란 사실을 알아낼 수 있다. 범행 장소는 경찰서로부터 서쪽으로 1만큼 북쪽으로 7/3만큼 이동한 곳에 있다.

좌표평면의 발견으로 인해 모든 도형을 수식으로 표현할 수 있게 되었다. 예로 $x^2+y^2=9$는 반지름이 3인 원으로 표현되며 $(x^2+y^2-1)^3-3x^2y^3=0$은 하트로 표현된다.

이렇듯 수식을 도형으로 표현하는 학문을 '해석기하학analytic

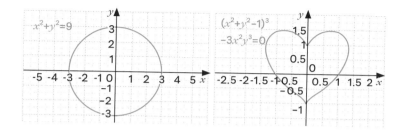

geometry'이라고 말한다. 수식이 무수히 많은 점이 모인 자취로 표현되기에 복잡한 수식을 간단한 도형으로 이해할 수 있다. 우리도 자신이 지나온 발자취에 의해 표현된다. 한 사람의 발자취를 따라가다 보면 그 사람을 알 수 있다는 말이다.

우리는 어떤 발자취를 남겨야 할까?

《떠난 후에 남겨진 것들》(청림출판)을 쓴 김새별 작가는 떠난 이들이 세상에 남기고 간 마지막 흔적을 정리하는 유품 정리사다. 책에는 폐지를 줍는 할머니의 죽음을 다룬 이야기가 있다.

고인은 폐지 줍는 할머니다. 고인의 방은 깨끗하고 짐은 단출했다. 책장에는 성경책과 종교 서적들이 꽤 빼곡했고, 책상 대

수식이 자취를 남기듯이_좌표평면

용인 듯한 밥상 위에도 공책과 돋보기안경이 있었다. 서랍장 위에는 종이로 곱게 접은 컵받침이며 장미, 백조 같은 작품들이 단정히 진열돼 있었다. 할머니는 녹록지 않은 일상 속에서도 성경을 필사하며 가끔 복지관에 다니며 종이접기를 배웠던 모양이다. 마음에 따뜻한 물결이 일었다. 하루하루를 소중히 여기고 열심히 사는 사람을 만났을 때 받게 되는 감동 같은 거였다. 그랬던 할머니는 자기 죽음을 예상했던 것일까. 다시 집으로 돌아오지 못할 것을 알고 있었던 걸까. 할머니는 집주인 할머니에게 자신이 만약 죽으면 냉장고는 폐지 할아버지, 세탁기는 윗동네 친구, 소형가전이랑 겨울옷은 옆집 할머니, 구체적으로 정해 일러놓고 가셨다. 할머니는 그렇게 미련 없는 내일을 준비했다.

난 폐지를 줍는 할머니가 남겨놓은 삶의 발자취를 상상했다. 오늘 하루를 최선을 다해 사시고 다른 분들의 내일까지 생각하며 떠나간 할머니의 발자취는 그 누구보다 아름다웠으리라고.

누군가 내게 발자취를 좌표평면에 그리라고 한다면 어떨까? 어제를 후회하기보다 오늘 하루를 최선을 다하며 살아가는 일,

3장 더 나은 삶을 택하며 나아가는 방법

나의 앞날을 걱정하기보다 다른 사람의 내일을 생각하며 살아가는 일, 그것이 우리가 남겨야 할 아름다운 발자취의 방정식일 것이다.

13번의 불합격 끝에서

숫자 0

스무 살엔 글쓰기를 좋아하지 않았다. 글쓰기란 그저 대학에서 과제 제출할 때 투덜거리며 하는 일이었다. 그러나 군 입대 후 글쓰기와 친구가 되었다. 휴대폰을 사용할 수 없었고 TV 보는 일에도 흥미가 없었기에 노란색 메모지와 연필로 끄적이며 나만의 세상을 그렸다. 다 쓴 글을 블로그에 종종 올렸다. 내 글을 읽는 방문자는 별로 없었지만 가끔씩 누군가 댓글을 달아주면 얼마나 반가웠는지 모른다. 더 많은 독자를 만나고 싶다고 느꼈을 그때 문득 '작가가 되면 어떨까'라는 생각이 들었다.

그래서 카카오 브런치 작가에 도전하기로 결심했다. 브런치에 글을 올리면 외부 사이트에 노출될 가능성이 있었고 브런치 제작진으로부터 인정받은 글은 다음 메인 페이지나 카카오톡 채널에 실렸다. 고립된 글쓰기가 아닌 독자들과 만나는 글쓰기. "함께 손잡고 생각의 징검다리를 건넌다"는 은유 작가의 말처럼 내 글을 읽어주는 독자들과 함께 성장하고 싶었다.

브런치 정식 연재를 위해서는 브런치 제작진의 승인을 받아야 했다. 난 간단한 자기소개와 연재 방향성 그리고 여태껏 쓴 글을 모아 브런치 제작진에게 보냈다. 그러나 돌아오는 건 브런치 제작진의 승인 대신 불합격 통보 메일이었다. 재도전하기로 마음먹고 자는 시간을 줄여가며 노란색 메모지에 문장을 쓰고 지웠지만 결과는 달라지지 않았다. 그 사이 1년이 지나갔고 탈락 횟수는 13번이 되었다.

13번째 떨어졌을 때 난 멍하니 컴퓨터 책상에 앉아 "안타깝게도 이번에는 브런치 작가로 모시지 못하게 되었습니다"라는 문구를 바라봤다. '이번에는 정말 될 줄 알았는데…….' 다 해져버린 메모지가 쓸모없어 보일 만큼 절망감에 빠졌다. 손때 묻은 샤프와 메모지를 서랍에 던지며 씩씩거렸다. '이젠 글을 써도 예전만큼 행복하지 않을 거야. 이제부터 무엇에 기대며 살아야 할까.' 뭘 해도 나아지지 않을 거란 부정적인 감정은 날 무기력하게 만들었다.

그래도 다시 펜을 들었던 이유는 언젠가 내 글을 읽어줄 독자들이 있을 거란 믿음 때문이었다. 비록 지금은 아무도 읽어주지 않는 글에 불과하지만 언젠가 수많은 독자와 소통하는 사람이 되어 있을 거라고. 상상만 해도 미소가 절로 지어졌다. 그래, 이대로 주저앉을 수 없었다.

브런치 작가에 합격한 날을 아직도 기억한다. 2019년 8월 21일. 무려 13번의 불합격 통보 메일을 받고서 얻은 합격이었다. 너무 기뻐 환호성을 질렀다. 불합격을 잘못 본 것은 아닐까, 행여나 메일에 오류가 있었던 건 아닐까, 메일함을 몇 번이나 확인하고 또 확인하는 과정을 반복했다. 날 응원해주었던 친구들은 13전 14기라며 축하해주었고, 내 끈기와 노력이 대단하다며 감탄했다. 무엇보다 드디어 독자들에게 내 진심을 전할 수 있게 되었다는 생각에 뛸 듯이 기뻤다. 하지만 합격의 희열은 아주 잠시일 뿐 난 작가로서 글을 쓰며 계속 나아가야만 했다. 간혹 브런치 채널에 내 글이 소개되어 10만 조회수를 몇 번 기록한 적도 있었다. 분 단위로 수천 수만의 조회수가 올라갈 때마다 엄청난 희열을 느꼈지만 그럼에도 결코 변하지 않는 사실은 앞으로도 계속 글을 써야만 한다는 것이었다.

영화 〈소울〉의 내용 중 일부를 소개하고 싶다. 초등학교 음악 기간제 교사인 '조 가드너'는 세계 최고의 음악가인 '윌리엄스'와 함께 공연하는 일이 일평생 소원이었다. 그는 동료의 도움으로 윌리엄스와 함께 연주할 기회를 얻었고 드디어 꿈에 그리던 무대에 올랐다. 관객들의 박수갈채를 받은 무대가 끝나고 난 후 헤어지는 길이었다.

윌리엄스 : 100번 하고 한 번 좋은 게 공연이라는 놈이야. 오늘 같은 공연은 흔치 않지.

조 가드너 : 네, (기뻐 웃다가 이내 웃음이 사라지며) 그럼 전 이제 뭘 하죠?

윌리엄스 : (눈을 힐끗거리며 당연하다는 듯이) 내일 밤에 돌아와서 다시 공연을 하는 거야.

조 가드너 : (당황스러운 표정과 실망스러운 표정에 교차한다.)

윌리엄스 : (궁금한 표정을 지으며) 무슨 문제라도 있나?

조 가드너 : 그야……. 저는 이 순간이 오길 평생을 기다렸으니까. 뭔가 좀 다를 줄 알았거든요.

윌리엄스 : (말없이 고갤 끄덕이며) 옛날에 젊은 물고기 한 마리가 있었어. 젊은 물고기는 늙은 물고기한테 말했지. "전 바다라는 곳을 찾아가고 있어요." 늙은 물고기가 말했어. "뭐 바다? 여기가 바로 그 바다야." "여기 가요?" 젊은 물고기는 놀랐지. "이런. 전 물속 말고 바다로 갈래요!"

조 가드너 : (알 수 없다는 표정을 짓다가 곧 눈이 휘둥그레진다.)

윌리엄스 : (별거 아니란 표정을 지으며) 내일 다시 보자고.

일시적인 기쁨과 행복은 다르다. 대학 합격 소식을 들었던 순간, 긴 수험생활을 모조리 보상이라도 받은 것처럼, 마치 이 세상을 다 가진 듯이 기뻤다. 하지만 그 기쁨이 일평생 가진 않았다. 어느 출판사에서 내 글을 출간하겠다며 출간 계약을 맺었던 2018년의 어느 날. 유명한 작가가 될 수 있을 거라 상상하며 행복에 빠졌다. 그러나 그 기쁨도 오래가지 않았으며 결국 계약을 파기해야만 했었다. 브런치 작가 합격도 마찬가지다. 어쩌면 20대가 그토록 바라던 취업도 마찬가지일 터다.

삶이란 일시적인 기쁨만으로 채워지는 것이 아니다. 삶이 마치 무한한 수직선(수를 표현한 직선)과 같다면 희열은 직선 곳곳에

듬성듬성 찍힌 크기가 없는 점과 같을 뿐. 수직선에 기쁨이 아닌 무수히 많은 점은 도대체 무엇으로 채워지는가.

영화 〈소울〉에서 엔딩 크레딧이 올라오기 직전에 조 가드너에게 질문을 던진다. 여기에 그 답이 있다.

"조 가드너. 앞으로 당신의 인생을 어떻게 살 거죠?"

"이거 하난 확실해요. 이제부터 모든 순간을 즐기며 살 거라고."

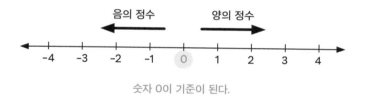

숫자 0이 기준이 된다.

수직선 위에 채워진 수많은 점엔 희열만 있는 것이 아니다. 삶의 대부분은 0에서부터 끊임없이 나아가는 과정으로 채워진다. 그러니 어제보다 0.0000001만큼 조금 나아갔다고 해서 절망할 필요 없다. 조금은 진부할 수 있지만 '카르페 디엠(현재를 충실하고 오늘을 즐기자)'이다. 특히 나의 지금이 마치 숫자 0처럼 아무것도 없다고 느껴질 때가 있다. 숫자 0은 '없음, 무기력함, 공허함'이란 부정적인 의미가 강하지만 양의 정수와 음의 정수를 구분하는 기준점으로서 0을 생각한다면 우리의 삶은 플러스 방향 혹은 마이너스 방향으로 가는 선택의 순간에 있는 것이다. 내가 절망감에만 사로잡혀 멈추어 있다면 마이너스로 향하는 길이고, 무엇이든 도전하고 기회를 잡기 위해 노력하는 것은 플러스로 향하는 길이다. 결과가 어찌 되었든 간에 조금씩 플러스로 나아가는 과정에서 의미를 찾아야 한다.

치열하게 살아가지만 눈앞이 안개에 쌓인 것처럼 뿌옇고 모호한 삶을 살아가는 나와 같은 젊은이들은 지금도 수많은 도전을 거듭한다. 대학 입시에 도전하고, 취업 시장에 도전하고, 공무원 시험·자격증 시험에 도전한다. 좋아하는 이에게 고백하는 것조차 도전이다. 반복된 도전 속에서 우리는 0에서 1로, 1에서 2로 전진한다. 현재를 즐기며 끊임없이 나아가는 것. 그것 또한 나의 삶이다.

3장 더 나은 삶을 택하며 나아가는 방법

함께함이 기쁘지 아니한가

게임이론

〈메리 크리스마스Merry Christmas〉란 영화는 제1차 세계대전 도중 있었던 휴전을 소개한다. 때는 1914년 한창 전쟁 중이던 크리스마스 이브, 스코틀랜드의 차가운 참호에서 따뜻한 캐롤 연주가 들려오기 시작했다. 그러자 스코틀랜드의 적이었던 독일군은 모든 사람이 크리스마스 트리를 볼 수 있도록 트리를 참호 밖으로 꺼내고 〈고요한 밤〉 독창으로 답가를 했다. 병사들은 잠시 총을 내려놓고 무언가에 홀린 듯 참호 밖으로 나왔다. 그날 그들은 함께 술을 나눠 먹고 초콜릿을 교환하며 즐거운 크리스마스 이브를 보냈다. 다음 날 아침, 하루 만에 많은 정이 들었던 탓이었을까. 스코틀랜드군 조너선은 자신 형의 시신을 수습하기 위해 참호 밖으로 나왔지만, 독일군이 그를 쏘지 않았다. 불과 몇 시간에 전에 함께 술을 나눠 마신 기억이 있었기 때문이다. 적에 대한 긴장을 놓지 말라는 상부의 지시가 있었음에도 각 군의 지휘관은 다시 모여 장례를 치르지 못한 시신을 묻어두기로 한다. 서로 적이었음에도 말이다.

1914년에 그들은 왜 전쟁 중 서로 적이었음에도 친구가 될 수 있었을까? 이유는 간단하다. 서로를 향한 신뢰가 있었기 때문이다. 스코틀랜드 참호에서 캐롤 연주가 들릴 때 독일군이 이때다 싶어 바로 반격했더라면 전쟁에서 우위를 점할 수 있었겠지만 그들은 총을 겨누긴커녕 함께 노래했다. 그로부터 100여 년이 흐른 지금, 우리에 대한 서로의 믿음은 어떤가. 과연 우리는 서로를 진정으로 신뢰하며 살고 있다고 말할 수 있는가. 게임이론Game Theory•의 죄수의 딜레마는 왜 우리가 서로를 신뢰해야만 하는지

• 게임이론은 두 명 이상의 플레이어가 전략을 선택해 자신이 얻을 수 있는 보상을 최대로 만드는 활동을 말한다. 천재적인 수학자 폰 노이만(John von Neumann)과 영화 〈뷰티풀 마인드〉의 주인공 존 내시(John Nash)에 의해 만들어진 응용수학의 한 분야다.

　　　　　　　　3장 더 나은 삶을 택하며 나아가는 방법

그 이유를 수학적으로 증명한다.

죄수의 딜레마는 생물학자 리처드 도킨스의 《이기적 유전자》를 통해 널리 알려졌다. 그는 상금을 지급하는 물주와 게임에 참여하는 두 명의 플레이어를 예로 들며 죄수의 딜레마를 설명했다.

두 플레이어의 손에는 각각 협력과 배신이라고 표시된 두 장의 카드가 있다. 두 명의 플레이어는 카드 한 장을 선택해 동시에 탁자 위에 올려놓는다.

물주는 플레이어에게 판정을 내려 돈을 지불한다. 모두 협력의 카드를 내면 물주는 양쪽에 300만 원을 지급한다. 이 큰 금액은 상호 협력의 포상이다. 모두 배신의 카드를 내면 물주는 배신의 벌로 양쪽에 벌금 10만 원을 징수한다. 이것은 상호 배신의 벌이다. 만약 둘 중 한 사람만 배신 카드를 냈다고 가정하자. 물주는 배신 카드를 낸 사람에게 500만 원을 지급한다. 물주는 협력 카드

구분	상대의 협력	상대의 배신
나의 협력	모두 300만 원을 얻는다.	상대는 500만 원을 얻고 나는 100만 원을 잃는다.
나의 배신	나는 500만 원을 얻고 상대는 100만 원을 잃는다.	모두 10만 원을 잃는다.

를 낸 사람에게 벌금 100만 원을 징수한다.

　게임을 한 번만 진행했을 때 서로 이익이 될 할 수 있는 전략은 모두 협력하여 300만 원을 얻는 일이다. 하지만 무조건적인 협력은 상대의 배신으로부터 100만 원을 잃을 각오를 해야 한다. 플레이어는 협력보다 배신했을 경우만 생각한다. "만약 내가 배신한다면 거액의 500만 원을 얻거나 푼돈 10만 원을 잃는 것이다. 그럼 배신이 최선이겠구나!" 두 플레이어는 서로 배신해야 하는 결론에 이른다. 이 결론을 최선의 대응 전략, 내시 균형^{Nash Equilibrium}이라 말한다. 내시 균형은 플레이어가 자신의 이익을 위해 전략을 바꿀 수 없는 상태를 말한다. 다음 그림처럼 죄수의 딜레마에서 최적의 전략과 내시 균형은 서로 다르다.

구분	상대의 협력	상대의 배신
나의 협력	모두 300만 원을 얻는다. (최적의 전략)	상대는 500만 원을 얻고 나는 100만 원을 잃는다.
나의 배신	나는 500만 원을 얻고 상대는 100만 원을 잃는다.	모두 10만 원을 잃는다. (내시 균형)

　　　　　　　　3장 더 나은 삶을 택하며 나아가는 방법

내시 균형은 보상 혹은 벌금의 액수를 바꾸면 얼마든지 달라질 수 있다. 다음 그림처럼 한 사람만 배신했을 때 이득이 겨우 10만 원이며 모두 배신했을 때 벌금이 무려 300만 원인 '배재윤 게임'을 만들었다고 하자.

구분	상대의 협력	상대의 배신
나의 협력	모두 300만 원을 얻는다.	상대는 10만 원을 얻고 나는 100만 원을 잃는다.
나의 배신	나는 10만 원을 얻고 상대는 100만 원을 잃는다.	모두 300만 원을 잃는다.

이 게임은 배신해도 협력보다 큰 이득을 취할 수 없다. 오히려 100만 원 혹은 300만 원을 잃을 위험을 감수해야 한다. 따라서 최적의 전략과 내시 균형은 다음 그림처럼 일치한다. 배신은 없고 협력만이 존재하는 세상. 마치 유토피아와 같지만, 과연 우리 삶은 그럴까? 협력과 배신의 선택을 고민해야만 하는 죄수의 딜레마와 같을 것이다.

구분	상대의 협력	상대의 배신
나의 협력	모두 300만 원을 얻는다. (최고의 전략=내시 균형)	상대는 10만 원을 얻고 나는 100만 원을 잃는다.
나의 배신	나는 10만 원을 얻고 상대는 100만 원을 잃는다.	모두 300만 원을 잃는다.

만약 죄수의 딜레마와 같은 상황이 여러 번 진행된다면 어떤 선택을 해야 최선일까. 지속적인 협력을 해야 할까? 상대가 협력할 때 매번 배신하며 이득을 취해야 할까? 배신과 협력을 적재적소에 적절히 사용하는 교묘한 전략이 최선인 것처럼 보인다.

《이기적 유전자》에서 액셀로드Robert Axelrod 교수 역시 어느 것이 최선의 전략인지 궁금했다. 그는 게임이론 전문가들에게 최선의 전략을 제안하는 대회를 열었다. 여기서 전략은 미리 프로그램된 행동 규칙이다. 응모자들은 전략 아이디어를 컴퓨터 언어로 보냈다. 액셀로드는 보다 나은 비교를 위해 협력과 배신을 아무렇게나 내는 랜덤이란 전략을 추가했다. 만일 어떤 전략이 랜덤보다 득이 되지 않으면 나쁜 전략임이 분명하다. 어떤 전략이 과연 게임에서 승리했을까? 승리를 거둔 전략은 놀랍게도 가장 단순하고 가장 덜 교묘해 보이는 전략이었다. 리처드 도킨스는 이 전략을 함무라비 법전에 나온 문구를 인용하며 '이에는 이, 눈에는 눈Tit for Tat' 줄여서 TFT 전략이라 불렀다. 상대가 내 다리를 부러트리면 똑같이 되갚으라는 말처럼 들릴 수 있지만, TFT는 사실 약자를 위한 법이다. 만약 노예가 주인에게 잘못을 저질렀다면 딱 그만큼만 죄를 물으라는 것이다. 그래서 TFT는 관대한 전략이라고 불린다. 보복성이 결코 없기 때문이다.

TFT 전략은 어떻게 하는 것일까? TFT는 최초의 승부를 협력으로 시작하며 이후에도 지속적으로 협력을 취한다. 하지만 상대가 배신해도 계속 협력만 내는 바보 같은 전략은 아니다. 상대가 배신하면 다음 차례엔 배신을 선택하지만, 절대 배신으로 보복하지 않는다. 이후엔 상대가 배신하기 전까지 무조건 협력한다. 즉 TFT는 먼저 배신하지 않으면 무조건 협력하는 전략이다.

TFT는 우리에게 배신이란 딜레마를 극복할 힘을 준다. 단순해 보여도 삶에서 우리가 택할 수 있는 최고의 전략이다.

아프리카 부족을 연구하는 어느 인류학자가 한 가지 실험을 했다. 그는 아프리카에서 보기 드문 간식들이 담긴 바구니를 나뭇가지에 건 뒤 아이들에게 말했다. "바구니가 걸린 나무에 가장 먼저 뛰어간 아이에게 간식을 모두 주도록 하겠다." 아이들은 어떻게 했을까?

달리기 경주가 시작되자 놀라운 일이 벌어졌다. 누구 하나 앞서 가지 않았다. 모두 함께 손잡고 바구니를 향해 달려갔다. 그리고 간식을 사이좋게 나누어 먹었다. 그 모습을 멀리서 지켜본 인류학자는 한 아이에게 물었다. "왜 함께 손잡고 달렸니?", "한 사람만 행복하면 나머지 다른 아이들이 슬픈데 어떻게 기분 좋을 수 있겠어요?" 나머지 아이들은 같은 목소리로 이렇게 외쳤다. "우분투!" 우분투ubuntu는 아프리카 말로 "우리가 함께 있기에 내가 있다"라는 의미다. 아이들은 교묘한 배신보다 지속적인 협력이 더 낫다는 수학적 결과를 삶으로 증명했다.

삶이라는 경주 속에서 먼저 배신하지 않기를. 아이들처럼 서로의 손을 놓지 않고 함께 달려가기를 소망한다. 혼자보다 함께함이 기쁘지 아니한가.

• 우분투는 사람들 간의 관계와 헌신에 중점을 둔 윤리 사상이다. 이 말은 남아프리카의 반투어에서 유래된 말로, 아프리카의 전통적 사상이며 평화운동의 사상적 뿌리다.

3장 더 나은 삶을 택하며 나아가는 방법

만남은 마치 유성을 볼 확률과 같다

확률

확률probability이란 어떤 사건이 일어날 가능성을 숫자로 나타낸 것이다. 한 개의 주사위를 던질 때 2가 나올 확률은 1/6이다. 4 또는 6이 나올 확률은 얼마일까? 주사위를 던질 때 4와 6은 동시에 나올 수 없다. 이처럼 두 사건이 동시에 일어나지 않을 때 두 사건을 배반 사건이라 부른다. 배반 사건일 때의 확률은 4가 나올 확률과 6이 나올 확률을 각각 더해야 한다. 1/6+1/6=2/6다. 이를 합의 법칙rule of sum이라고 한다.

보드게임장에서 A, B가 주사위를 교대로 던질 때 6이 먼저 나오는 사람이 이기는 게임을 한다. A가 세 번째 턴에서 이길 확률을 구해보자.

주사위를 던질 때 6이 나올 확률은 1/6이고 6이 나오지 않을 확률은 5/6다. A가 세 번째 턴에서 이기려면 첫 번째, 두 번째 턴에서 이기는 사람은 아무도 없어야 한다. 그리고 세 번째 턴에서 A가 이겨야 한다. 사건이 연달아 일어날 때의 확률을 구하려면 각각의 확률을 곱해야 한다. 5/6 × 5/6 × 1/6 = 25/216다. 이를 곱의 법칙rule of product이라 한다.

$$\underset{\text{A가 던짐}}{\frac{5}{6}} \times \underset{\text{B가 던짐}}{\frac{5}{6}} \times \underset{\text{A가 던짐}}{\underset{\text{6이 나올 확률}}{\frac{1}{6}}} = \frac{25}{216}$$

확률은 숫자 0에서부터 1까지만 존재한다. 주사위를 던질 때 7이 나올 확률은 없으므로 0/6=0이다. 1부터 6까지의 숫자가 나올 확률은 6/6=1이다. 0은 확률이 절대 일어나지 않음을 의미하

—————— 3장 더 나은 삶을 택하며 나아가는 방법

고 1은 반드시 일어날 확률을 의미한다.

확률을 알면 사건이 일어날 가능성을 명확히 알 수 있다. 흐르는 별이란 뜻을 가진 유성은 우주에 돌이나 먼지 따위가 지구로 떨어지면서 생기는 빛줄기를 말한다. 유성은 방랑자를 의미하기도 하는데 그 운동의 규칙성을 이해하지 못해 별들이 하늘에서 무작정 떠돌아다닌다고 생각하던 시대에 유래된 말이다. 유성이 비처럼 쏟아져 내리는 장면은 마치 밤하늘에 불꽃이 터지는 것처럼 실로 아름답다. 유성을 보면서 소원을 빌어야겠다는 생각을 다들 한 번쯤 해봤을 것이다. 그 확률을 숫자로 나타낸다면 0에 가까운 숫자일 것이다. 유성을 보는 건 쉽지 않다. 도시에서는 인공조명 때문에 유성은커녕 별조차 볼 수 없다. 달이 밝은 날과 안개와 구름이 많은 날이면 시골에서도 유성을 보기 힘들다. 심지어 유성이 떨어지는 시간은 대략 1~10초 정도라서 운 좋게 봤다고 해도 소원을 빌기는 힘들다.

사람들이 유성을 보고 싶은 이유는 소원을 빌면 반드시 이루어진다는 미신 때문이다. 그래서 유성이 내 앞에서 딱 떨어지길 바란다. 로또를 사는 이유도 마찬가지다. 로또 1등에 당첨될 확률은 1/8,145,060 대략 800만분의 1이며 0에 가까운 숫자다. 그런데 사람들은 언제나 확률이 1이길 바란다. 실제 일어날 확률은 0에 가깝지만, 기대치와 믿음은 1에 가까운 것이다.

0에 가까운 확률은 로또에 당첨될 확률과 유성을 볼 확률만 있는 게 아니다. tvN의 〈요즘 책방: 책 읽어드립니다〉라는 프로그램에 카이스트 출신 출연자 세 명이 동시에 프로그램 패널로 참여했다. 카이스트 물리학과 김상욱 교수는 2019년까지 졸업한 1만 8,000명의 카이스트 졸업생 중 세 명이 같은 장소에 만날 수 있는 확률을 계산했다. 세 사람의 만남은 마치 로또 1등에 당첨된 다음에 주사위를 5개를 모두 던졌더니 전부 4가 나올 확률과 같다고 말했다.

확률을 직접 계산해보자. 여러 사건이 연이어 일어나므로 곱의 법칙을 이용한다. 주사위 5개를 던져 모두 4가 나올 확률은 1/6을 다섯 번 곱한 1/7,776이다. 1/7776과 로또 1등에 당첨될 확률 1/8,145,060을 모두 곱하면 0에 무척 가까운 확률, 1/63,335,986, 560이다. 대략 630억 분의 1이다. 사람 간의 인연도 0에 가까운 확률이었다.

우린 0에 가까운 확률임을 알아도 반드시 이루어질 거란 믿음을 가지고 살아간다. 양광모 시인은 이런 말을 남겼다. "가을이 와도 밤하늘을 바라보지 않는 사람아. 그대 가슴 속에 별이 있는가." 당신에겐 별 같은 사람이 있는가. 0에 가까운 확률을 뚫고서 내게 1을 가져다준 사람 말이다. 그런 기대를 품는다면 마치 밤하늘에 유성을 보는 것처럼 실로 아름다운 광경일 것이다.

숫자는 거짓말하지 않는다

수학의 언어 이야기

언어란 무엇일까. 《빅아이디어 수학언어》를 쓴 차오름 작가의 말에 따르면 "언어의 목적은 사람들의 생각과 마음을 전달하고 교환하는 것"이다. 언어는 서로 얼마나 정확히 이해하고 소통할 수 있는지가 제일 중요하다. 만약 외국인이 영어로 내게 길을 묻는데 내가 영어를 할 수 없다면 영어는 언어가 되지 못한다.

언어에는 말, 글, 음악, 그림 등등 다양한 종류가 포함되지만, 주관적이다. "내가 너를 사랑해"라는 문장을 예로 들면, 어머니가 방금 태어난 자신의 아이에게 말할 때와 이성에게 고백할 때의 느낌은 확연히 다르다. 작곡가가 음악으로 이별의 감정을 표현해도

3장 더 나은 삶을 택하며 나아가는 방법

사람마다 느낀 점이 같으리란 보장은 없다. 이처럼 상황에 따라 그리고 해석에 따라 얼마든지 다를 수 있다.

이와 달리 차오름 작가의 말을 빌리자면 '수학은 100퍼센트 생각의 일치를 꿈꾸는 언어'다. 숫자는 물건을 사고팔 때 사용하는 언어다. 물건값을 치를 때 서로 오해가 생긴다면 그것은 좋은 거래가 아니다. 물건값에 숫자가 표시된 이유는 숫자의 신뢰성과 정확성 때문이다. 숫자는 전 세계 어느 곳을 가더라도 똑같다. 100은 100이고 1은 1이다. 백의 자리 숫자가 갑자기 만의 자리 숫자로 변하는 일은 없다. 숫자는 사람에게 오로지 진실만을 보여주지만, 사람은 간혹 욕심 때문에 숫자조차도 다르게 해석하기도 한다.

우리 삶도 숫자처럼 선명해야 한다. 신림역 근처에 사는 지인과 함께 식당에서 삼겹살을 먹고 나왔다. 핸드폰에 결제 내용을 알리는 문자를 봤는데 금액이 33,000원이었다. 난 잠깐 생각했다. 형과 함께 먹은 삼겹살이 몇 인분인지 다시 헤아렸다. 33,000원이 아닌 분명 44,000원이었다. 우린 잠깐 자리에 멈춰 서서 어떻게 해야 할지 고민했다. 공돈이 생겼다는 생각이 스멀스멀 올라왔다. 딱 한 번 눈 감으면 11,000원이 생긴다.

하지만 우리는 다시 식당으로 돌아가 11,000원을 계산하기로 했다. 그렇게 하지 않으면 온종일 찝찝하고 불행한 일들이 일어날 것만 같았다. 난 식당 이모에게 계산이 잘못됐다고 말했다. 이모가 나에게 물었다.

이모 : 혹시 돈이 더 계산되었나요?
나 : 아니요. 돈을 덜 계산하셨어요.

식당 이모는 우리에게 거듭 고맙다고 말했다. 다시 11,000원이 결제되었다는 문자가 내게 왔고 나는 맘 편하게 집에 갈 수 있었다.

숫자처럼 산다는 의미는 계산을 잘하고 논리적인 사고를 잘한다는 의미가 아니다. 숫자처럼 우리의 마음이 투명하고 솔직해야 한다는 말이다.

반딧불을 당신의 창 가까이

사칙연산

3+4×5의 계산 순서는 4×5를 먼저 계산하고 3을 더한다. 왜 곱셈을 먼저 계산할까? 곱하기는 더하기를 여러 번 하는 계산을 간단히 나타낸 것이다. 4+4+4+4+4=4×5, 즉 4×5=20이다.

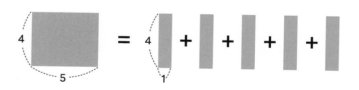

곱하기의 의미는 사각형의 넓이를 통해서도 알 수 있다. 가로의 길이가 5, 세로의 길이가 4인 직사각형의 넓이는 4×5=20이

다. 4×5는 가로의 길이가 1이고 세로의 길이가 4인 직사각형을 다섯 번 더한 것이다.

3+4×5=23이란 식을 더하기로 풀어 쓰면 3+4+4+4+4+4 =23이다. 3+4×5에서 덧셈을 먼저 계산하면 7×5=35이므로 정 답과 다르다.

사칙연산에서 나누기를 먼저 하는 이유도 마찬가지다. 나누기 는 빼기를 여러 번 하는 계산을 간단히 나타낸 것이다. 사탕 12개 는 4개씩 세 번 덜어 먹으면 모두 없어진다. 이를 뺄셈으로 나 타내면 12-4-4-4=0이다. 12-4-4-4=0은 나눗셈으로 12÷ 4=3이다. 뺄셈으로 나타낸 나눗셈에서 12는 덜어지는 수, 4는 한

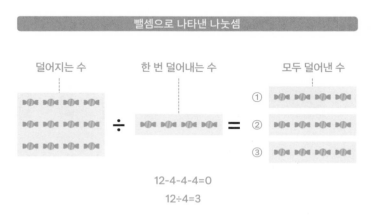

뺄셈으로 나타낸 나눗셈

덜어지는 수　　　한 번 덜어내는 수　　　모두 덜어낸 수

12-4-4-4=0
12÷4=3

　　　　　　　3장 더 나은 삶을 택하며 나아가는 방법

번 덜어내는 수, 3은 몫으로 모두 덜어낸 수를 말한다. $16-12 \div$ 4는 $16-3=13$이다. 뺄셈을 먼저 계산하면 $4 \div 4=1$이므로 정답과 다르다. 즉 곱하기와 나누기를 먼저 계산하고 더하기와 빼기는 미루어 계산해야 옳다.

곱하기와 나누기를 미루어 계산하는 것은 마치 사랑한다는 말을 미루는 것과 같다.

"이 밤 그날의 반딧불을 당신의 창 가까이 띄울게요. 음. 사랑한다는 말이에요." 가수 아이유의 노래 〈밤편지〉의 가사다. 스무 살부터 불면증을 앓아온 그녀에게 잠은 무척 소중했다. 반딧불을 띄워주겠다는 말은 당신만큼은 편히 잠들었으면 좋겠다는 마음을 꾹꾹 눌러 쓴 표현이다. 사랑한다는 말 대신 창 가까이 반딧불을 띄워주는 일. 그녀만의 조심스러운 사랑 표현이다.

아이유처럼 내겐 사랑한다고 말하는 것이 쑥스럽다. 마치 숨겨둔 일기장을 청중이 많은 프레젠테이션 화면으로 띄우는 듯하다. 특히 부모님에게 사랑한다고 말하는 것은 무척 힘들다. 말 한 마디가 이토록 어렵다니. 부모님께 끊임없이 "아들아 사랑한다"라는 말을 들었음에도 말이다. 그나마 기회가 주어지는 날은 어버이 날이다. 그날만큼은 사랑한다고 말해도 괜찮을 거 같지만 번번이 뒤로 미루었다.

2020년 5월 8일, 그때 난 본가를 떠나 서울 자취방에 지내고 있었다. 직접 얼굴을 보지 않고 수화기 너머로나마 부모님께 사랑한다고 말할 기회가 아닐까 싶었다. 전화를 걸까 망설이다 결국 못 했다. "저를 낳아주셔서 고맙습니다. 사랑합니다." 이 한마디가 어찌 이리 힘들까. 이대론 안 되겠다 싶어 선물 목록을 뒤적였다. 휴대용 안마기, 홍삼액 등등을 살펴보다 카네이션 화분을 드리기로 했다. 얼마 전, 선인장 화분에 꽃이 피었다고 좋아하시는 부모님의 모습이 떠올랐기 때문이다. 아! 색깔은 분홍색으로 골랐다. 분홍색 카네이션 꽃말은 '당신을 사랑합니다'이다.

쑥스러워도 괜찮다. 그러니 사랑한다는 말을 미루기보다 먼저 곱하고 나누어야지. 너무나도 중요하지만 미뤄왔던 일을 단번에 끝내야겠다.

AI가 우리에게 가르칠 수 없는 것은

연역법

수학에서 연역법이란 공리와 공준을 이용해 원하고자 하는 결론을 이끌어내는 방법이다. 공리와 공준은 증명하지 않아도 누구나 옳다고 생각하는 수학적 성질을 말한다. 수학자 유클리드Euclid는 23개의 정의와 5가지 공리, 5가지 공준Postulate을 토대로 465개나 되는 수학 문제를 연역법으로 증명했다.

"한 선분을 변으로 하는 정삼각형을 그릴 수 있다"를 유클리드가 제시한 방법으로 해결해보자. 증명을 위해 필요한 몇 가지 공리와 공준은 다음과 같다.

• 유클리드의 1번 공리

  1. A는 B와 같고 A는 C와 같다면 B와 C는 같다.

• 유클리드의 1번과 3번 공준

  1. 두 점을 잇는 선분을 그릴 수 있다.

  3. 한 점에서 반지름을 갖는 원을 그릴 수 있다.

두 점을 잇는 선분 AB를 그리자(1번 공준). 두 점 A, B를 중심으로 하는 두 원을 그리자(3번 공준).

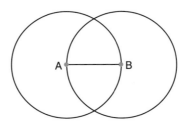

두 점 A와 C, B와 C를 잇는 선분을 그리자(1번 공준).

3장 더 나은 삶을 택하며 나아가는 방법

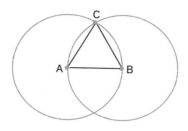

선분 AB와 BC는 중심이 B인 원의 반지름이므로 서로 같다. 선분 AB와 AC는 중심이 A인 원의 반지름이므로 서로 같다. 따라서 선분 AC와 BC는 같다(1번 공리). 따라서 선분 AB를 변으로 하는 정삼각형을 그릴 수 있다. 증명이 끝났다.

연역법은 출발점이 중요하다. 공리와 공준처럼 누구도 의심할 수 없는 자명한 사실이어야만 한다.

교사란 교과 지식을 학생에게 가르치는 사람이다. 이 명제는 오랜 세월이 흘러도 변함없는 자명한 사실이다. 그런데 지식 전달자로서 교사의 역할은 위기에 처해 있다. AI 기술 때문이다. 일본의 수학자 아라이 노리코新井 紀子의 책《대학에 가는 AI VS 교과서를 못 읽는 아이들》에 따르면 AI 기술이란 인간과 동등한 지능을 가진 시스템을 실현하기 위해 개발되고 있는 다양한 기술을 일

컫는 말이다. 스마트폰의 음성 인식 서비스와 유튜브 알고리즘 기능처럼 말이다.

런던의 페이크먼 초등학교 학생들은 '서드 스페이스 러닝Third Space Learning'이라 불리는 AI 기술로 수학을 배운다. 서드 스페이스 러닝 기법은 각각의 학생에 대한 종합적인 데이터베이스를 구축해 개별적인 학습이 가능하다.《글로벌 에픽》의 기사*를 참고하여 러닝 기법이 만들어지는 과정을 간단히 세 가지로 소개한다.

1. 개인지도 교사와 학생 간 학습 과정의 성공 사례들을 따로 모아둔다.
2. 성공 사례들을 튜토리얼 데이터로 분석한다(여기서 튜토리얼 이란 학생에게 여러 가지 유형의 수학 문제를 제시하고 수학 문제 를 풀어가며 풀이 방법을 이해할 수 있도록 돕는 과정이다).
3. 튜토리얼 데이터를 학생에게 제공한다.

• 차진희, [포스트코로나 시대의 교육] 인공지능, 교사가 되다", 〈글로벌 에픽〉, 2021. 01. 20, https://www.globalepic.co.kr/view.php?ud=20210120174730082795796a9480c_29

3장 더 나은 삶을 택하며 나아가는 방법

AI 기술이 훨씬 발전한다면 교사는 지식 전달자의 임무를 수행할 수 없을지도 모른다. 그렇다면 AI 시대에 교사가 살아남는 방법은 AI가 결코 할 수 없는 일은 하는 것이다. 그러므로 난 교사의 정의를 다음과 같이 수정해야 한다고 생각한다. 이 명제를 자명하다고 여기지 않는다면 교사는 언젠가 사라질 직업이 될지 모른다.

"교사는 아이들을 사랑하는 사람이다."

초등학교 6학년 점심시간 때 일이다. 교실 뒤편에 초등학생 열 명은 거뜬히 들어갈 고무매트가 있었다. 그곳에서 난 친구들이랑 닭싸움하며 놀았다. 하루는 친구들과 닭싸움을 하다 뒤로 풀썩 쓰러졌다. 그런데 옆에 있던 친구가 총총 뒷걸음질하다 내 배를 지르밟았다. 난 '억!' 소리를 내며 매트를 이리저리 뒹굴렀다.

그때 복도에 계셨던 담임선생님이 황급히 내게 달려왔다. 선생님은 나를 들쳐 업고 4층에서 보건실이 있는 1층까지 내달리셨다. 선생님의 기다란 머리카락에서 좋은 샴푸 향이 느껴졌다. 난 훌쩍이며 선생님의 어깨를 꾹 부여잡았다.

보건실에 도착한 선생님은 날 침대에 눕히곤 흐르는 내 눈물을 닦아주셨다. 내 손의 엄지와 검지 사이를 꾹꾹 눌렀다. 난 아파 얼굴을 찡그렸다. "배가 많이 아프지? 이렇게 계속 누르다 보면 괜찮아질 거야." 훌쩍이는 내게 미소를 지었다. 그리고 20분 동안 쉬지 않고 내 손을 꾹꾹 주물러주셨다.

어른이 된 지금까지 그날 일을 생생하게 기억한다. 엄지와 검지 사이를 누르는 건 체하거나 탈이 날 때 하는 일이다. 물리적인 압력으로 배가 아픈 걸 해결할 수는 없다. 그런데 왜 선생님은 그날 나에게 20분 동안 내 손을 주물러주셨을까. 그저 내가 너의 아픔에 공감하고 있다는 따뜻한 마음 아니었을까? 혹시 잘못된 상식으로 인한 처방이었다 하더라도 선생님의 진심은 그대로 내게 전달되었다.

교사는 아이들을 사랑하는 사람이다. 이 공리로부터 난 다음과 같은 결론을 내렸다. 만약 인간보다 훨씬 뛰어난 지능을 가진 AI가 등장해 인간의 능력을 압도하더라도 그것이 결코 가르칠 수 없는 것이 있다. 바로 사랑이다. 이 증명은 수백만 년이 흘러도 변하지 않을 것이다.

　　　　　　　　　3장 더 나은 삶을 택하며 나아가는 방법

함수를 알면 역사가 보인다

함수

함수function란 두 변수 x, y에 대하여 x에 따라 y가 하나씩만 정해지는 대응 관계다. 예를 들어 $y=x$는 x 값이 1, 2, 3…… 일 때 y 값도 1, 2, 3……으로 각각 대응되기에 함수다. 함수의 '함'은 상자이며 함函 위로 뭔가를 집어넣었더니 밑에서 뭔가 나온다는 뜻에서 함수函數란 이름을 붙였다.

함수에 꼭 숫자가 들어가야만 하는 것은 아니다. 5명의 친구가 경주로 여행을 떠난다. 그들은 아기자기한 한옥과 이색적인 카페가 줄지어 선 황리단길을 구경하기로 했다. 경주역에서 내려 황리단길을 가는 길에 모두 버스를 탔다. 버스 요금이 1,500원이었을

x	y
연희	1,500원
재윤	1,500원
찬원	1,500원
윤경	1,500원
세윤	1,500원

경우, x는 버스는 탄 사람, y는 버스 요금이 된다. 황리단길에 도착한 후 카페에 들어가서 아메리카노를 주문했다. 아메리카노의 가격이 1,500원일 경우, x는 아메리카노를 먹은 사람 y는 아메리카노의 가격이다. 이 모든 과정이 x에 따라 y가 하나씩만 정해지는 함수다.

함수는 마치 원인과 결과의 대응 관계와 같다. 예를 들어 컴퓨터의 키보드도 함수다. A라는 키보드 스위치를 누르면 그에 해당하는 글자가 출력된다. 코로나 확산 경로도 함수다. 감염자와의 비말 접촉이란 원인은 코로나 확진이란 결과를 얻는다.

함수엔 몇 가지 중요한 특징이 있다. 하루 운동 시간을 나타낸 다음 그림은 함수일까?

3장 더 나은 삶을 택하며 나아가는 방법

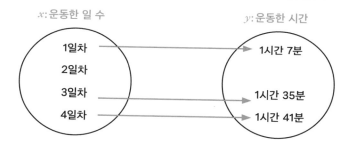

2일 차 기록이 없는데 3, 4일 차 기록이 있다는 건 말이 안 된다. f 가 함수라면 원인에 맞는 결과가 반드시 있어야 한다. 따라서 f 는 함수가 아니다.

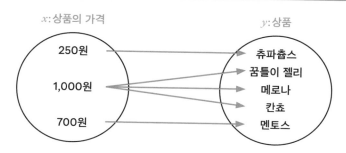

하나의 원인에서 결과가 여러 개면 함수가 아니다.

편의점에서 파는 상품을 함수로 나타낼 수 있을까? 친구에게 1,000원짜리 상품을 샀다고 말하면 무엇을 샀는지 파악하기 힘들다. 젤리, 아이스크림, 과자, 사탕 등등 떠오르는 상품의 개수가 많기 때문이다. 하나의 원인에서 여러 개의 결과가 나오면 함수가 아니다. 원인관계를 명확히 파악할 수 없기 때문이다.

학급별 반 티 한 장의 가격을 함수로 나타내보자. 1학년 2, 3, 4반 모두가 15,000원을 반 티 가격으로 골랐다. 이를 통해 반 티 가격은 15,000원을 주로 선호한다는 합리적인 추론이 가능하다. 어떤 원인이 같은 결과를 택해도 상관없다. 100만 원을 반 티 가격으로 고르는 학급은 없을 것이다. 선택받지 못한 결과도 있을

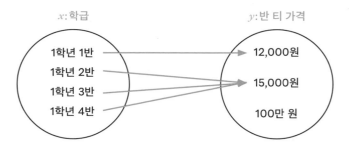

1. 같은 결과를 택해도 된다. 2. 선택받지 못하는 결과가 있을 수 있다.

　　　　　　　　3장 더 나은 삶을 택하며 나아가는 방법

수 있다. 이 또한 상관없다.

　함수는 그저 기호적 수식이 아니라고 했던 수학자 클라인Felix Klein의 말처럼 함수를 알면 삶을 명확히 표현하는 일이 가능하다.
　《역사란 무엇인가》를 쓴 에드워드 카Edward Carr에 의하면 "역사란 명확한 사실이 아닌 역사가에 의해 굴절된 사실"이다. 파스칼이 쓴 《팡세》에 "클레오파트라의 코가 낮았더라면 세계 역사는 변했을 것이다"라는 말을 보자. 해석하자면 로마의 장군 안토니우스가 클레오파트라의 미모에 흠뻑 빠졌기 때문에 악티움 해전에서 패배했다는 말이다. 카는 "여성의 아름다움과 남성의 얼빠짐 사이의 연관은 일상생활에서 관찰될 수 있는 가장 정상적인 인과관계 중의 하나"라고 주장했지만 그보다 더욱 합리적인 원인을 찾아야 한다고도 말했다. 패배의 원인은 말라리아로 인한 병력 손실, 상대 전함보다 낮은 기동력 등등 여러 가지가 있을 수 있다. 이처럼 올바른 역사를 알려면 여러 가지 원인과 결과를 비교함으로써 제일 합당한 인과관계를 발견해야 한다.
　카는 《역사란 무엇인가》에서 합리적인 원인을 찾는 방법으로 로빈슨의 죽음을 예로 들었다. "존스는 음주운전 중이다. 거의 앞을 분간할 수 없는 컴컴한 길모퉁이에서 브레이크에 결함이 있는 것으로 판명된 차로 로빈슨을 치어 죽였다. 로빈슨은 마침 그 길모퉁이에 있는 가게에서 담배를 사기 위해 길을 건너고 있었다. 경찰서에서 로빈슨의 죽음의 원인을 조사한다면 다음과 같이 조사할 것이다. ① 운전자의 음주운전이 확실하다면 형사고발이 가능하다. ② 결함이 있는 브레이크 때문이라면 1주일 전에 차를 검사한 수리점의 책임을 추궁한다. ③ 컴컴한 길모퉁이 때문이라면 도로를 관리하지 못한 시청 공무원을 조사한다. 하지만 '로빈슨에게 담배가 있었다면 길을 건너지 않았을 것이므로 그의 흡연 욕구를 죽음의 원인'이라고 말하는 것은 터무니없다."

물론 로빈슨의 흡연 욕구도 사고의 원인이 될 수 있지만, 교통사고 사망률을 낮추는 원인이라 말할 수 있을까? 음주운전 단속, 브레이크 결함 조사, 도로 상태 점검 등은 교통사고 사망률을 낮출 수 있어도 보행자의 흡연 욕구는 사망률과 아무런 연관이 없다. 이 모든 과정은 함수로 명확히 표현할 수 있다. 교통사고와 사망률의 관계를 함수 f로 나타내면 아래의 그림과 같다. x는 교통사고의 원인이며 y는 시행 결과로 두었다.

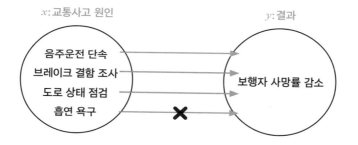

역사를 바르게 보려면 어떻게 해야 하는가. 난 이렇게 말하고 싶다. "올바른 역사란 합리적인 원인을 찾아야만 하는 함수function다."

평범한 오늘을 견디며 살아가는 그대에게

나이팅게일 이야기

백의 천사 또는 등불을 든 여인이라 불리며 간호사의 모범으로 알려진 나이팅게일은 사실 뛰어난 통계학자다. 현재 전 세계의 병원은 나이팅게일이 제시한 방법으로 지어진다. 통계학자로서 의료 체계에 관한 상세한 기록을 남겼기 때문이다. 그녀는 전사자 중 부상으로 인해 사망한 군인의 수와 병균에 감염돼 사망한 환자 수를 비교 분석했다. 전쟁 중 야전병원에서 축적된 데이터를 바탕으로 교차 감염을 막기 위한 병상 간의 적절한 거리를 계산했으며 위생 개념의 필요성을 사람들에게 알렸다. 그리고 그 공로를 인정받아 1858년 여성 최초로 영국 왕립통계학회 회원으로 선출된다.

통계학자로서 나이팅게일 모습을 한번 살펴보자. 1853년 러시아와 오스만 제국(현 튀르키예)은 크림반도에서 충돌했다. 1854년 영국 정부는 러시아에 대항하기 위해 전쟁 지역에 간호사들을 파견했다. 그때 나이팅게일은 영국 간호사단을 지휘하는 간호장교였다. 야전병원의 상황을 본 나이팅게일은 충격에 빠졌다. 그녀는 코를 움켜쥐며 군의관에게 말했다.

"아니 이게 병원인지 화장실인지 구분이 안 될 정도입니다."

병원의 위생 상태는 최악이었다. 침대 시트에는 제때 갈지 못해 고름과 핏물이 뒤섞여 악취가 진동했다. 썼던 붕대는 버리지 않고 돌려썼다. 계속되는 전쟁으로 환자가 끊임없이 유입된 탓이다. 그 탓에 환자들은 감염으로 쓰러졌다. 감염증으로 사망한 환자의 시체를 수습하는 일은 종일 반복되었다. 그녀는 우선 환자들의 위생과 영양 상태를 먼저 개선하기로 했다. 개인 식기를 구매하고 영양가 있는 식사를 제공했다. 붕대는 새 것만 썼고 침대 시트는 더러워지면 바로 갈았다. 병원 바닥은 하루에 한 번씩 마루걸레로 닦도록 지시했다.

나이팅게일은 전쟁 중에 있었던 모든 일을 데이터로 만들었다. 병원에서 필요한 환자복, 침대 시트 심지어 수건의 숫자까지 날짜별로 빠짐없이 기록한 것이다. 그녀가 작성한 '영국 군대에 관한 노트'는 분량이 1,000쪽이 훌쩍 넘었다. 무엇보다 그녀는 병원에서 죽은 병사가 전쟁터에서 죽은 병사보다 많다는 사실을 사람들에게 알리고 싶었다. 1856년 봄, 마침내 전쟁이 끝나고 그녀에게 좋은 기회가 찾아왔다. 빅토리아 여왕이 그녀를 파티에 초청한 것이다. 그녀는 자신이 여태껏 기록해온 통계를 바탕으로 여왕을 설득하기로 결심했다. 하지만 빅토리아 여왕은 숫자를 끔찍이 싫어했다. 숫자들이 잔뜩 나열된 자료를 여왕에게 보여줄 수는 없었다. 그녀는 고민에 빠졌다. '숫자를 어린아이도 보기 쉬운 형태로 바꿀 방법은 없을까?'

그녀는 '로즈 다이어그램Rose diagram'이라 불리는 그래프를 만들었다. 숫자를 의미 있는 형태로 바꾼다는 것은 당시로서는 엄청나고 획기적인 발상이었다.

로즈 다이어그램은 왼쪽 그림인 1854년 4월을 기준으로 시계 방향으로 30도씩 회전하는 그래프다. 12×30=360이므로 30도씩 회전한 한 칸의 간격은 1개월이다. 주황색 면적은 전쟁터에서 사망한 병사의 숫자, 회색은 야전병원에서 사망한 병사의 숫자, 흰색 빗금 처리된 부분은 기타 요인으로 사망한 숫자다. 다음의 원

3장 더 나은 삶을 택하며 나아가는 방법

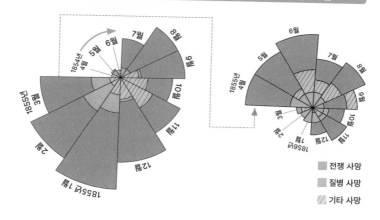

크림 전쟁에 참전한 영국군 사망 원인을 나타낸 로즈 다이어그램

전쟁 사망
질병 사망
기타 사망

쪽 다이어그램은 위생 개념을 도입하기 전이고 오른쪽은 그 후다. 왼쪽 다이어그램의 회색 면적보다 오른쪽이 훨씬 작음을 한눈에 파악할 수 있다. 나이팅게일이 위생 개념을 도입한 뒤 병원 내 군인의 사망률은 42퍼센트에서 2퍼센트로 줄었다.

나이팅게일의 노력을 알아본 여왕은 병원의 위생 상태를 개선하기 위한 왕립위원회를 편성했다. 그녀의 꾸준한 성실함이 병원의 의료 구조를 바꿀 것이다.

병원은 사람을 치유하는 곳이다. 하지만 불과 수백 년 전만 해도 병원은 위생이란 개념은 전혀 없던 죽음의 장소였다. 청결함을 유지하지 못해 고약한 악취가 나고 쥐들이 돌아다녔다. 그러나 나이팅게일은 아무도 주목하지 않은 위생 관리에 최선을 다했다. 자신이 생각했을 때 옳은 일이라면 그 일을 꾸준히 성실히 이행했던 것이다. 그 성실함으로 인해 병원이 깨끗하게 다시 태어났다. 그녀가 발명한 로즈 다이어그램이 이 사실을 증명한다.

명예 혹은 대단한 성공만이 사람을 빛나게 하는 것은 아니다. 크림 전쟁 당시 나이팅게일이 했던 일도 거창하거나 중요한 일이 아니었다. 그저 의료기기를 매일 꾸준히 소독하고 병실을 청소하는 일 등 누구나가 할 수 있는 평범한 일이었다. 하지만 그 평범함과 성실함이 수많은 사람들의 생명을 살렸다.

그녀의 삶처럼 대단한 성공과 남들이 부러워할 만한 명예를 얻길 바라기보다 오늘 하루를 성실히 이겨낼 수 있는 지혜를 얻을 수 있기를. 가령 쓰레기통을 비우는 일과 어제 먹다 남은 그릇을 설거지하는 일조차도 매우 소중하다는 사실을 느낄 수 있기를. 남들이 보기에 대단하지 않아도, 비록 누군가 알아주지 않는다 해도 우리가 매일 해나가는 꾸준한 성실함은 분명 우리 삶 한편에 로즈 다이어그램처럼 활짝 피어날 거라 믿는다.

3장 더 나은 삶을 택하며 나아가는 방법

특별함을 증명하지 않아도 괜찮아

소수

이 글은 아직 태어나지 않은 미래의 내 자녀에게 전해주는 편지다. 그리고 이 책을 읽는 당신에게도 들려주고픈 고백이다.

사랑하는 아이야. 오늘은 네게 이야기를 하나 들려줄까 한단다. 내가 너만 한 나이였을 때쯤 말이야. 반에 수학을 무척 잘하는 학생이 있었어. 그 녀석은 내가 2시간이나 고민해서 푼 문제를 5분 만에 풀어버렸지. 아마 첫 모의고사를 봤을 때였을 거야. 하필 그 친구가 내 앞자리에 앉았는데 수학 시험 시간이 60분쯤 지나자, 갑자기 엎드려 자더라고. 시험이 끝나려면 아직도 한참이나 남았는데. 나중에 물어보니 모든 문제를 풀고 시간이 남아서 잔 거라고 하더구나. 그래서 그 학생은 몇 점을 맞았냐고? 뭐겠니, 100점을 맞았지.

넌 아빠의 성적이 아마 궁금하겠지? 아빠도 결과는 나름 만족스러웠단다. 그런데 주변 친구들의 말이 마음에 걸렸어. 한 문제를 실수해서 2등급이 되었다는 아이도 있고, 등급은 1등급이지만 점수가 만족스럽지 못하다는 친구도 있었지. 그런 이야기를 들으니 왠지 모르게 속상했단다. 지금이야 미소 지으며 이야기할 수 있을지도 몰라도 그때 아빠는 난생처음 남들보다 뒤처질까봐 두렵다는 마음이 들었거든. 목표로 하는 대학에 가지 못할 거란 두려움, 선생님이 실망할지 모른다는 두려움, 지금 성적을 유지하지 못할 수도 있다는 두려움……. 머릿속에 온갖 나쁜 상상이 파도가 되어 날 덮쳤단다. 그때 아빠는 네가 생각하는 것보다 아주 겁쟁이였거든. 그날 이후로 덜컥 겁이 나서 앞만 보고 달리기에 급급했지. 심지어 그때 내가 뭘 진심으로 좋아하는지도 몰랐고 뭘 하고 싶은지도 몰랐단다. 그러니 아픈 날에도 달릴 수밖에 없었어. 더러는 밥도 잘 못 먹고, 잠도 잘 못 자는 날이 있어도 손에서 영어 단어장을 놓는 일이 없었지. 그렇게 내가 남들보다 앞서가길

바랄수록 점점 더 고통스러워지는 것 역시 나였단다. 내가 되고 싶지 않은 뒤처지는 모습을 상상하기조차 싫었어. 쉬는 법도 배워야 했는데 숨이 턱 막힐 정도로 달리는 법만 배웠던 게야.

어쩌면 당연했을지도 몰라. 아빠는 무서웠거든. 남들보다 뒤처지면 사랑받지 못할까 봐 남들보다 더 특별하다는 것을 애써 증명해 보이려고 앞만 보고 달렸던 거야.

부모님을 실망시키기보다 누구나 부러워할 만한 자랑스러운 아들이 되고 싶었어. 그래서 완벽해지려고, 최고가 되려고 숨이 막힐 정도로 달렸지. 그런데 알다시피 그게 가능했겠니? 내가 특별하다는 사실을 애써 증명하려고 하면 할수록 더더욱 괴로웠단다.

뜬금없지만 수학 공부를 하다 소수란 숫자가 부러웠어. 이 녀석은 존재 자체로 사람들에게 귀한 대접을 받거든. 전자프런티어재단EFF에서 1억 자리의 큰 소수를 찾는 일에 엄청난 상금을 걸 정도니까. 그 이유를 알기 위해 잠깐 지루하겠지만 수학 이야기를 잠깐 해볼까 해. 그리 어렵지 않은 이야기니까 너무 무서워하지 않아도 된단다.

사람의 지문과 홍채가 유일한 것처럼 소수도 마찬가지란다.

소수는 1과 자기 자신으로만 나누어떨어지는 유일한 자연수거든. 2와 3은 1과 자기 자신만으로 나누어떨어지므로 소수인데 이와 달리 4는 1과 자기 자신인 4뿐만 아니라 2로도 나누어떨어지므로 소수가 아니란다. 그러므로 소수는 2, 3, 5, 7, 11, 13 등등의 숫자야.

사람들은 소수를 이용해 암호란 것을 만든단다. 참 신기하지? 대표적으로 RSA 암호가 그렇지. 쉽게 이해하기 위해 간단한 퀴즈를 내볼 테니 한번 고민해보렴.

1. 13과 17은 소수다. 이 둘의 곱을 구하라.
2. 899는 두 소수의 곱이다. 두 소수를 찾아라.

1번 문제의 답은 221로 누구나 풀 수 있지. 하지만 899가 어떤 두 소수의 곱으로 이루어져 있는지를 찾는 것은 매우 어렵단다.

• RSA는 대표적인 공개키 암호로 디피(Bailey Whitfield Diffie)와 헬만(Martin Hellman)의 공개키 암호 개념을 기반으로 매사추세츠 공과대학의 학자 론 리베스트(Ron Rivest)와 아디 셰미르(Adi Shamir), 레오나르드 아델만(Leonard Adleman)이 만들어 이들 학자 세 명의 이름의 머리글자를 따서 만든 명칭이다.

3장 더 나은 삶을 택하며 나아가는 방법

답이 궁금하다고? 답은 29와 31이란다. 899를 900으로 어림하고 900은 30의 제곱이므로 30의 전후에 있는 두 소수를 곱하는 방법으로 찾을 수 있지. 생각보다 시시해서 피식 웃었을 수도 있겠다. 그런데 자릿수가 큰 소수를 곱하면 어떻게 될까? 찾기 매우 어렵겠지. 이처럼 RSA는 소수를 찾는 어려움을 이용해 만든 암호란다. 그래서 사람들은 세상에 하나밖에 없는 유일한 암호를 만들기 위해 가장 큰 소수를 찾으려 하지. 그래서 아까 말한 엄청난 상금을 거는 것이란다. 소수 자체도 특별한데 그 안에서 더 특별함을 찾으려는 사람의 욕심이라 볼 수 있겠지.

사랑하는 내 아이야. 아빠는 너를 특별함이란 가치로 매기지 않으려고 노력한단다. 소수가 존재 자체로만 귀한 대접을 받는 것처럼 네 삶 그 자체의 소중함에 대해 말해주고 싶단다. 삶이란 오직 하나뿐인 소수처럼 이 세상에 단 하나뿐이며 그 자체로 특별하거든. 그러니 네 삶을 애써 증명하려고 하지 않아도 돼. 너와 똑같은 삶을 사는 사람은 이 세상 어디에도 없으니까. 누가 너의 삶을 대신 살아줄 수 있겠니. 그러니 그때 그 시절 내가 부모님께 듣지 못했던 말을 네게 해주며 등을 토닥여주고 싶구나. 우리 아이, 참 고생 많이 했겠구나, 많이 힘들었겠구나. 그러니 힘들 땐 엉엉 울어도 된단다.

사랑하는 아이야. 언젠가 세상이 너의 특별함을 증명해 보라고 말하는 순간이 올 수도 있단다. 성적으로든, 직업으로든, 무엇이든 네가 남들보다 특별한 존재란 사실을 증명하라고 말이야. 하지만 아빠는 네가 무엇이 되든 결코 실망하지 않을 거란 사실을 네가 알아줬으면 좋겠구나. 이 세상에 하나뿐인 소수처럼 너는 존재 자체로 귀하단다. 이 사실 하나만 반드시 기억해줬으면 한다.

항상 사랑한단다. Q.E.D.

3장 더 나은 삶을 택하며 나아가는 방법

- 이한진, 《수학은 어떻게 예술이 되었는가》, 컬처룩

- 최정담, 이광연 감수, 《발칙한 수학책》, 웨일북

- 김우섭, 《숨마쿰라우데 수학 기본서 고등 수학 하》, 이룸이앤비

- 라파엘 로젠, 김성훈 옮김, 《세상을 움직이는 수학개념 100》, 반니

- 황유선, 《네덜란드 엄마의 힘》, 황소북스

- 차오름, 《빅 아이디어 수학 언어》, 지혜의 숲

- 김새별, 《떠난 후에 남겨진 것들》, 청림출판

- 은유, 《글쓰기의 최천선》, 메멘토

- 이광연, 《미술관에 간 수학자》, 어바웃어북

- E. H. 카, 김택현 옮김, 《역사란 무엇인가》, 까치

- 리처드 도킨스, 홍영남·이상임 옮김, 《이기적 유전자》, 을유문화사

- 유대현, 《유클리드가 들려주는 원론 이야기》, 자음과 모음

- 아라이 노리코, 김정환 옮김, 《대학에 가는 아이들 VS 교과서도 못 읽는 아이들》, 해냄

- 박현정, 《하얀 불꽃》, KIATS

수학이 건네는 위로

1판 1쇄 인쇄 2024년 1월 25일
1판 1쇄 발행 2024년 1월 31일

지은이 배재윤
발행인 이성현
책임 편집 전상수

펴낸 곳 도서출판 두리반
주소 서울특별시 종로구 사직로 8길 34(내수동 72번지) 1104호
편집부 전화 (02)737-4742 **팩스** (02)462-4742
이메일 duriban94@gmail.com

등록 2012. 07. 04 / 제 300-2012-133호
ISBN 979-11-88719-24-2 03410

※ 값은 뒤표지에 있습니다.
※ 이 도서는 한국출판문화산업진흥원의 '2023년 중소출판사 출판콘텐츠 창작 지원 사업'의 일환으로
   국민체육진흥기금을 지원받아 제작되었습니다.